Die globale Umweltkatastrophe hat begonnen!

Ergänzungsband zum Buch

Katastrophenalarm!
Was tun gegen die mutwillige Zerstörung
der Einheit von Mensch und Natur?

Oktober 2023

Redaktionskollektiv REVOLUTIONÄRER WEG
unter Leitung von Stefan Engel
Schmalhorststr. 1b, 45899 Gelsenkirchen

Die globale Umweltkatastrophe hat begonnen!
Ergänzungsband zum Buch
Katastrophenalarm!
Was tun gegen die mutwillige Zerstörung
der Einheit von Mensch und Natur?

Zuerst erschienen in der Reihe
REVOLUTIONÄRER WEG, Ergänzungsband 35/2023

© Verlag Neuer Weg
Mediengruppe Neuer Weg GmbH
Alte Bottroper Straße 42, 45356 Essen
verlag@neuerweg.de
www.neuerweg.de
© Umschlagfoto: iStock/Fotograf: Marcus Millo
Gesamtherstellung: Mediengruppe Neuer Weg GmbH

ISBN: 978-3-88021-670-9
ePDF ISBN 978-3-88021-671-6

gedruckt auf 100 Prozent Recycling-Papier,
ausgezeichnet mit dem Blauen Umweltengel

Stefan Engel · Monika Gärtner-Engel · Gabi Fechtner

Die globale Umweltkatastrophe hat begonnen!

Ergänzungsband zum Buch

Katastrophenalarm!
Was tun gegen die mutwillige Zerstörung der Einheit von Mensch und Natur?

Verlag Neuer Weg

Stefan Engel, gelernter Schlosser und heute freier Publizist, war 37 Jahre Vorsitzender der MLPD. Seine theoretische Arbeit und sein praktisches Know-how zur Führung von Arbeiterkämpfen stellt er seit Jahrzehnten der revolutionären Arbeiterbewegung, auch international, zur Verfügung. Seit 1991 ist Stefan Engel Leiter der Redaktion REVOLUTIONÄRER WEG, dem theoretischen Organ der MLPD. Er ist weltweit als marxistisch-leninistischer Theoretiker anerkannt.

Monika Gärtner-Engel ist Internationalismusverantwortliche der MLPD, Hauptkoordinatorin der revolutionären Weltorganisation ICOR und Co-Präsidentin der United Front. Sie ist Mitautorin des Buchs »Neue Perspektiven für die Befreiung der Frau« und anerkannte Repräsentantin in der internationalen kämpferischen Frauenbewegung.

Gabi Fechtner, gelernte Werkzeugmechanikerin, ist seit April 2017 Vorsitzende der MLPD und damit die erste Arbeiterin an der Spitze einer revolutionären Partei in Deutschland. Sie hat im Kollektiv der Redaktion REVOLUTIONÄRER WEG bereits an verschiedenen Veröffentlichungen mitgearbeitet.

Inhalt

Die globale Umweltkatastrophe hat begonnen!

Einleitung

Bereits seit den 1980er-Jahren analysiert unser Redaktionskollektiv den fortschreitenden Prozess der Untergrabung der Einheit von Mensch und Natur im Kapitalismus. Im Jahr 2014 veröffentlichten wir das Buch »Katastrophenalarm! Was tun gegen die mutwillige Zerstörung der Einheit von Mensch und Natur?«. Darin wiesen wir nach, dass die in den 1970er-Jahren entstandene globale **Umweltkrise** zu einer **Gesetzmäßigkeit** in der Ökonomie des Imperialismus geworden ist. Die entscheidende Bedingung dafür war die Neuorganisation der internationalen kapitalistischen Produktion seit den 1990er-Jahren. Seitdem ist die Produktionsweise ausschließlich auf Maximalprofit und Weltmarktherrschaft ausgerichtet. Unter der Diktatur der internationalen Übermonopole ist sie bei Strafe ihres Untergangs an den fortschreitenden Raubbau an der natürlichen Umwelt gebunden.

Im Lauf der letzten Jahre hat diese gesetzmäßige Entwicklung die Qualität einer **globalen Umweltkatastrophe** angenommen. In dem Buch »Die Krise der bürgerlichen Naturwissenschaft« haben wir im Februar 2023 qualifiziert, dass sie einen **fortschreitenden Prozess der Zerstörung und Selbstzerstörung der Biosphäre** eingeleitet hat. Die **Menschheit** befindet sich aufgrund dieser Entwicklung in einer **latenten Existenzkrise**. Die akute Weltkriegsgefahr, die 2022 mit dem Ukrainekrieg entstanden ist, verschärft diese Entwicklung. Sie geht mit der Gefahr eines Mensch und Natur vernichtenden atomaren Schlagabtauschs einher.

Aus dieser Entwicklung leitete das Buch »Katastrophenalarm! Was tun gegen die mutwillige Zerstörung der Einheit von Mensch und Natur?« bereits einschneidende Konsequenzen ab: Der Kampf zum Schutz der natürlichen Umwelt muss Bestandteil des weltweiten Klassenkampfs der Arbeiterklasse zur Überwindung des imperialistischen Weltsystems werden und der Umweltkampf der breiten Massen muss gesellschaftsverändernden Charakter annehmen.

Der **qualitative Sprung zur globalen Umweltkatastrophe**, den wir seit den 1980er-Jahren befürchten, hat früher eingesetzt als erwartet. Die Schlussfolgerungen sind umso dringlicher.

Die bürgerliche Umweltforschung und bürgerliche Politiker sind aufgrund dieser Entwicklung in eine offene Krise geraten. Wegen ihrer bürgerlichen Klasseninteressen können oder wollen sie nicht begreifen, was inzwischen dramatische Tatsache geworden ist. Vielleicht sind einige von ihnen nur Opfer ihrer eigenen Schönfärberei und Manipulation der Wirklichkeit geworden. Immerhin herrschen in ihrer Politik und Naturwissenschaft die positivistische und pragmatische Denk- und Arbeitsweise vor. Wahrscheinlicher ist aber, dass sie mehr über die tatsächliche Entwicklung wissen, als sie zugeben. Ob sie es wahrhaben wollen oder nicht: Sie geben die Menschheit mutwillig der Katastrophe preis, solange das **allein herrschende internationale Finanzkapital als Hauptverursacher an der Macht** bleibt.

Trotz des gewachsenen Umweltbewusstseins bewirken die Einflüsse der bürgerlichen Ideologie und der kleinbürgerlichen Denkweise, dass die Massen das Ausmaß der Entwicklung noch unterschätzen.

Es ist unbedingt erforderlich, die neue Ausgangslage vollständig zu begreifen, um die notwendigen Schlussfolgerungen für den internationalen Klassenkampf und die Rettung der

Menschheit zu ziehen. Die breite Masse der Weltbevölkerung will nicht in der kapitalistischen Barbarei untergehen. Wir sind der festen Überzeugung, dass Hunderte von Millionen gegen das imperialistische Weltsystem aufstehen und eine sozialistische Gesellschaft unter der Leitlinie der Einheit von Mensch und Natur erkämpfen werden.

Unsere Analysen zur Entstehung der globalen Umweltkatastrophe veröffentlichen wir in Form dieses **Ergänzungsbands** zu dem Buch »Katastrophenalarm! Was tun gegen die mutwillige Zerstörung der Einheit von Mensch und Natur?«. Die dort getroffenen Grundaussagen sind weiterhin gültig und bilden die Ausgangssynthese für dieses Buch. Der damit entstandene neue Gesamtband der Reihe REVOLUTIONÄRER WEG ist erneut Ergebnis eines kollektiven dialektisch-materialistischen Forschungs- und Erkenntnisfortschritts. Er stärkt den **begründeten revolutionären Optimismus,** dass und wie ein vollständiges Ausreifen der begonnenen globalen Umweltkatastrophe verhindert werden kann.

Stefan Engel, Oktober 2023

V. Der zwiespältige Charakter der UNO-Klimaberichte 2021–2023

Seit seinem Bestehen warnt der Weltklimarat IPCC[1] vor einem beschleunigt ansteigenden Meeresspiegel, Veränderungen der Meeresströmungen in den Ozeanen, Rückgang von Eismassen und Permafrostgebieten sowie vor schweren Stürmen.

Sein sechster Sachstandsbericht erschien zwischen August 2021 und März 2023 in drei Teilen und einem Synthesebericht. Bereits der Bericht von 2022 bilanziert

»substanzielle Schäden und zunehmend irreversible Verluste in Land-, Süßwasser- und Küstenökosystemen sowie im offenen Meer«.[2]

Der Synthesebericht 2023 stellte sogar das Scheitern des willkürlich vereinbarten Ziels der Pariser Klimakonferenz von 2015 fest, die Erderwärmung auf 1,5 Grad gegenüber der vorindustriellen Zeit zu begrenzen.[3]

Die Ausführungen und Schlussfolgerungen der Berichte bagatellisieren jedoch zugleich die alarmierenden Ergebnisse und rechtfertigen sie zum Teil sogar. Insbesondere die »Zusammenfassung für die politische Entscheidungsfindung«

---

[1] Der Weltklimarat (IPCC) wurde 1988 als Unterorganisation des Umweltprogramms der UNO (»United Nations Environment Programme«, UNEP) und der Weltorganisation für Meteorologie (»World Meteorological Organization«, WMO) gegründet.

[2] Hans-Otto Pörtner u. a. (Hrsg.), »Climate Change 2022: Impacts, Adaptation and Vulnerability«, S. 9 – eigene Übersetzung

[3] Synthesebericht zum Sechsten IPCC-Sachstandsbericht, Hauptaussagen aus der Zusammenfassung für die politische Entscheidungsfindung, 11.7.2023

offenbart das interessengeleitete Feilschen um jede Formulierung und Schlussfolgerung. Auf Grundlage der »Vorarbeit« ihrer »Berater« – von Wirtschaftsbossen bis zu Nichtregierungsorganisationen (NGOs) – beschlossen die Regierungen von 195 Ländern diesen **Kompromissbericht.**

Die Bagatellisierung der Gefahren kommt schon in dem Begriff »Klimawandel« zum Ausdruck, auf den sich die bürgerlichen Medien und Politiker längst vereinheitlicht hatten. Er **verharmlost empörend** die dramatischen Entwicklungen der eingeleiteten **Klimakatastrophe.** Weitere Hauptmerkmale der globalen Umweltkatastrophe und deren Wechselwirkung mit der Klimakatastrophe, die die Lage oft verschärfen, bleiben weitgehend ausgeblendet oder werden als nebensächlich abgetan.

Bereits der Bericht von 2021 enthält die irreführende These eines verbleibenden »**Restbudgets« an Treibhausgas-Emissionen.** Danach dürfen in den kommenden Jahren angeblich noch zwischen 300 und 900 Milliarden Tonnen CO_2 ungestraft in die Luft geblasen werden, bis die Marke von 1,5 Grad Celsius durchschnittlicher Erwärmung der Erde erreicht sei. Bereits 2020 erhoben dagegen 150 Unterzeichner »Einspruch: Es gibt kein Restbudget mehr!«, darunter eine Vielzahl namhafter Wissenschaftlerinnen und Wissenschaftler.

»Wie das National Center for Climate Restoration nachweist, beruhen die Restbudgetberechnungen auf Prognosen, die die Klimaerwärmung signifikant unterschätzen.«[4]

Der IPCC-Bericht geht von der Behauptung einer **einfachen linearen**[5] **Beziehung** zwischen den bereits angehäuf-

---

[4] Offene Akademie, »Einspruch: Es gibt kein Restbudget mehr!«, offene-akademie.org 22.12.2020

[5] Eine Beziehung zwischen zwei Größen wird »linear« genannt, wenn eine gleichmäßige Veränderung der einen Größe auch eine gleichmäßige Veränderung der anderen Größe zur Folge hat.

ten CO_2-Emissionen und der globalen Erderwärmung aus. Er leitet seine Prognosen unzulässig nur aus dem bisherigen Verlauf ab. Dabei errechnet er mit mathematischen Modellen eine zukünftige Entwicklung, die neue Wechselwirkungen, qualitative Sprünge und unkontrollierbare selbstzerstörerische Effekte nicht berücksichtigt, obwohl sie im Prozess der Erderwärmung gehäuft in Erscheinung treten.

So entstanden bereits aufgrund der eingetretenen Qualität der Erderwärmung eine Reihe selbstzerstörerischer Effekte wie die Freisetzung von Kohlendioxid, Methan und Lachgas aus den **auftauenden Permafrostböden.** Das beschleunigte den von der kapitalistischen Gesellschaft verursachten Treibhauseffekt jedoch zusätzlich.

Der IPCC-Bericht von 2023 stellt schließlich die abenteuerliche Behauptung auf, dass die »**Overshoots**«, die inzwischen unvermeidlichen **Überschreitungen** des **1,5-Grad-Ziels des Pariser Abkommens**, gar nicht so schlimm wären. Sie könnten im Lauf des Jahrhunderts wieder **rückgängig** gemacht werden.

Der Klimaforscher **Stefan Rahmstorf** warnt dagegen eindringlich:

»Viele haben noch nicht verstanden, dass der Klimawandel unumkehrbar ist, weil die CO_2-Menge in der Luft Zehntausende Jahre erhöht bleiben wird. Wir können nicht sagen: ›... Jetzt drehen wir den Temperaturanstieg wieder zurück.‹ Das geht eben nicht.«[6]

Doch unbeeindruckt von den Tatsachen entwickeln sich in pseudowissenschaftlichen Debatten unzählige irreführende Gedankenspiele, wie zum Beispiel das Auftauen der Permafrostböden verhindert werden könnte. Dazu gehören »*weiße*

---

[6] Marianne Falck, »Wenn wir global bei 3 Grad landen, drohen Deutschland etwa 6 Grad«, spektrum.de 17.3.2023

Abdeckplanen«, die *»bereits auf dem Gipfel der Zugspitze zum Einsatz«* kommen, oder *»Thermosiphons – halb im Boden steckende Stahlpfähle«,* die *»rund um die Alaska-Pipeline«* dem Permafrostboden die Wärme entziehen sollen. Dazu schreibt Wissenschaft im Dialog, eine Organisation für Wissenschaftskommunikation in Deutschland:

»Beide Gedanken haben eines gemeinsam: Sie sind großflächig unmöglich umzusetzen. … Eingriffe dieses Ausmaßes würden nicht nur immense Kosten verursachen, sondern auch wahnsinnig viel Energie verschlingen«.[7]

Der Weltklimarat kann und will nicht wahrhaben, dass eine **qualitative Veränderung** eingetreten ist, dass sich die Klimaerwärmung auch ganz ohne weitere, konkret von Menschen verursachte CO_2-Emissionen **beschleunigt** fortsetzen wird.[8]

Nicht zuletzt verbreitet er die **Lebenslüge** einer **»partnerschaftlichen widerstandsfähigen Entwicklung«** der gesamten Menschheit im Geist der Klassenzusammenarbeit.[9]

Ganz in diesem Geist erklärte die BRD-Außenministerin **Annalena Baerbock** von den »Grünen« wider besseres Wissen zum IPCC-Bericht:

»Es ist weiterhin möglich, die 1,5 Grad in Reichweite zu halten, wenn wir in den nächsten sieben Jahren die globalen Emissionen halbieren. Die Menschheit hat das nötige Wissen, die passenden Technologien und auch die finanziellen Mittel.«[10]

---

[7] Yannick Brenz, »Kann man den alpinen Permafrost vorm Auftauen schützen?«, wissenschaft-im-dialog.de 19.2.2020

[8] Bjørn H. Samset u. a., »Delayed emergence of a global temperature response after emission mitigation«, nature.com 2020

[9] Hans-Otto Pörtner u. a. (Hrsg.), »Climate Change 2022: Impacts, Adaptation and Vulnerability«, S. 29

[10] »Außenministerin Baerbock zum neuen IPCC-Bericht«, auswaertiges-amt.de 20.3.2023

Mit dem *»nötigen Wissen«* meint Baerbock wohl ihre manipulierte Darstellung der katastrophalen Wirklichkeit der Biosphäre. Denn selbst bei einem sofortigen Stopp aller globalen Emissionen ist die Klimakatastrophe nicht mehr abzuwenden, zumal die heutigen Emissionen erst nach Jahrzehnten voll auf die globale Klimaerwärmung wirken. Vermutlich hält sie ihre Gasterminals am Meer für die *»passenden Technologien«*. Damit wird zurzeit Erdgas aus der umweltschädlichsten Form der Gewinnung, dem Fracking in den USA, nach Deutschland importiert. Oder meint sie damit gar das Wiederanheizen bereits stillgelegter Kohlekraftwerke? Offensichtlich ist ihr entgangen, dass sich die Verfügungsgewalt über die *»finanziellen Mittel«* der Menschheit zum allergrößten Teil in den Händen einer winzigen Schicht des internationalen Finanzkapitals befindet. Das wird den Teufel tun, diese Mittel für den Umweltschutz einzusetzen, solange sie nicht maximal profitabel verwertbar sind.

Es gehört zu den grundlegenden Methoden des imperialistischen Ökologismus, **vage Hoffnungen** zu verbreiten, die Herrschenden hätten die dramatische Entwicklung im Griff und würden alles Nötige dagegen veranlassen. So beruhigte der seit Ende Juli 2023 amtierende Chef des Weltklimarats, **Jim Skea**, die Menschheit:

»Die Welt wird nicht untergehen, wenn es um mehr als 1,5 Grad wärmer wird. ... Die Länder werden mit vielen Problemen kämpfen, es wird soziale Spannungen geben. Und dennoch ist das keine existenzielle Bedrohung für die Menschheit.«[11]

Offenbar ist sein wichtigstes Ziel, die *»sozialen Spannungen«*, sprich den aktiven Widerstand und den gesellschaftsver-

---

[11] Susanne Götze, »Bei 1,5 Grad Erwärmung geht die Welt nicht unter«, spiegel.de 29.7.2023

ändernden Kampf gegen die Umweltkatastrophe, zu zersetzen. Weitsichtige Teilnehmer aus der international vernetzten
Jugendumweltbewegung Fridays for Future befreiten sich
dagegen inzwischen aus der imperialistisch-ökologistischen
Umarmungsstrategie à la Baerbock. Sie schrieben als *ihre*
Schlussfolgerung aus dem Bericht des IPCC bei den Demonstrationen im März 2023 auf ihre Plakate: *»Destroy capitalism,
not the planet!«*

VI. Von der globalen Umweltkrise zur globalen Umweltkatastrophe

Das imperialistische Weltsystem untergräbt mutwillig die Einheit von Mensch und Natur

Nach dem Zweiten Weltkrieg rief die zunehmende ökologische Beeinträchtigung der Biosphäre eine Reihe wissenschaftlicher Mahner auf den Plan.

Bereits 1959 wandte sich der Meteorologe **Alfred Hofmann** in der Zeitschrift Kosmos unter der Überschrift »Ist unser Klima in Gefahr?« gegen die ungezügelte Ausbeutung fossiler Rohstoffe.[12]

1962 deckte **Rachel Carson** (USA) in ihrem Buch »Silent Spring« massive Schäden für Umwelt, Mensch und Tier durch den großflächigen Einsatz von Insektiziden wie DDT auf.

Im März 1972 brachte der **Club of Rome** fundierte Analysen der Gefahr einer existenzbedrohenden Überausbeutung der natürlichen Ressourcen an die Öffentlichkeit. In seinem Standardwerk »Die Grenzen des Wachstums« warnte er:

»Wenn die gegenwärtige Zunahme der Weltbevölkerung, der Industrialisierung, der Umweltverschmutzung, der Nahrungsmittelproduktion und der Ausbeutung von natürlichen Rohstoffen unverändert anhält, werden die absoluten Wachstumsgrenzen auf der Erde im Laufe der nächsten 100 Jahre erreicht.«[13]

---

[12] Alfred Hofmann, »Ist unser Klima in Gefahr?«, Kosmos 11+12/1959

[13] Club of Rome, »The Limits to Growth«, S. 23 – eigene Übersetzung

Doch die führenden Monopole und Politiker ignorierten oder verunglimpften systematisch alle Warnungen selbst aus den eigenen Reihen. So setzte Ende der 1960er-/Anfang der 1970er-Jahre eine **globale Umweltkrise** ein. Der Arbeitertheoretiker **Willi Dickhut** charakterisierte sie bereits 1984 in dem Buch »Krisen und Klassenkampf« treffend:

»*Von einer* **Umweltkrise** *sprechen wir dann, wenn diese Veränderungen der natürlichen Umwelt durch den Menschen in eine beschleunigte, alle grundlegenden Lebensbedingungen des menschlichen Lebens berührende* **Phase der Zerstörung** *von Boden, Wasser, Luft, Flora und Fauna übergehen.*«[14]

Unter dem Eindruck einer wachsenden Umweltbewegung unterzeichneten 1972 die 113 Teilnehmerstaaten der **ersten Weltumweltkonferenz** der UNO in Stockholm eine Schlusserklärung, in der es hieß:

»*Der Mensch hat ein Grundrecht auf Freiheit, Gleichheit und angemessene Lebensbedingungen in einer Umwelt, die so beschaffen ist, daß sie ein Leben in Würde und Wohlergehen ermöglicht, und hat die feierliche Pflicht, die Umwelt für gegenwärtige und künftige Generationen zu schützen und zu verbessern.*«[15]

Mehr als 50 Jahre später klingen diese hehren Ansprüche jedoch wie ein Hohn. In der UN-Erklärung waren bereits Politik und Weltanschauung des **imperialistischen Ökologismus** zu erkennen: die irreführende Leitlinie der **Vereinbarkeit von kapitalistischer Ökonomie und Ökologie**.

Zwar erreichten wachsendes Umweltbewusstsein und stärkere Proteste immer wieder einzelne Erfolge, etwa 1972 das Verbot des Pestizids DDT, den Einbau von Rauchgasent-

---

[14] Willi Dickhut, »Krisen und Klassenkampf«, S. 180

[15] »Erklärung der Vereinten Nationen über die Umwelt des Menschen«, Vereinte Nationen, Heft 4/72, S. 110

schwefelungsanlagen in Kraftwerken, um das Waldsterben zu begrenzen, oder die Verhinderung einzelner Atomkraftwerke und atomarer Wiederaufbereitungsanlagen.

Aber die Kraft und das Bewusstsein der kleinbürgerlich geprägten und von der Arbeiterbewegung weitgehend isolierten Umweltbewegung reichten nicht aus, wirksame Maßnahmen auf Kosten der Profite durchzusetzen gegen das Fortschreiten der globalen Umweltkrise.

Von einzelnen Zerstörungen zur allseitigen Zerstörung der natürlichen Lebensgrundlagen

Willi Dickhut hob **die lebensbedrohliche Qualität** einer möglichen **globalen Umweltkatastrophe** hervor, die es zu verhindern galt:

»Noch bedroht die Umweltkrise nicht unmittelbar das Leben vieler Menschen. Aber sie ist nicht weit davon entfernt, in eine **Umweltkatastrophe** *umzuschlagen, wenn nicht sofort einschneidende Maßnahmen ergriffen werden.«*[16]

Mit der **Neuorganisation der internationalen Produktion** seit Beginn der 1990er-Jahre wandelte sich die Umweltkrise von einer Begleiterscheinung zu einer **neuen Gesetzmäßigkeit des imperialistischen Weltsystems**:

»Die rücksichtslose Ausbeutung der Naturressourcen als eine Quelle des Reichtums auf einem Niveau der **systematischen und allseitigen Zerstörung der lebensnotwendigen Einheit von Mensch und Natur** *(wurde) erstmals zu einem ökonomischen Zwang«.*[17]

Fast 40 Jahre nach Willi Dickhuts Warnungen ist der qualitative Sprung vollzogen. Der Prozess der **globalen Umwelt-**

---

[16] Willi Dickhut, »Krisen und Klassenkampf«, S. 181

[17] Stefan Engel, »Morgenröte der internationalen sozialistischen Revolution«, S. 190/191

katastrophe hat begonnen. Allerdings erfolgte dieser Eintritt in die globale Umweltkatastrophe noch **nicht in voller Stärke, nicht an der ganzen Breite** der bisherigen Merkmale der globalen Umweltkrise und auch **nicht gleichmäßig.** Der **Grad ihrer Ausreifung** ist noch sehr unterschiedlich.

Die neue Qualität besteht in dem nun in Gang gesetzten **Prozess der Selbstzerstörung verschiedener Elemente der Biosphäre,** der **gesetzmäßig** nach und nach **alle natürlichen Lebensgrundlagen der Menschheit gefährdet, untergräbt und schließlich beseitigt.**

Dieser Prozess entfaltet sich in zunehmender Breite und Stärke als wachsender Zusammenhang unkontrollierbarer, irreversibler, sich selbst beschleunigender, sich gegenseitig durchdringender und verstärkender Entwicklungen. Er verläuft **nicht gleichförmig,** zuweilen **langsamer oder schneller,** und mündet jeweils in **qualitative Veränderungen.**

Eine internationale Forschergruppe veröffentlichte im Februar 2023 eine Liste von **41 »Rückkopplungsschleifen«** allein in der Veränderung des Klimas. Mindestens 27 davon verschärfen diese Entwicklung.[18] Sie können besser als **Merkmale des Selbstzerstörungsprozesses der globalen Umweltkatastrophe** bezeichnet werden. Die Forschergruppe stellte selbst einschränkend fest, damit noch längst nicht alle Merkmale erfasst zu haben.

Allerdings gibt es auch **gegenläufige Effekte.** So wird zum Beispiel erwartet, dass der erhöhte CO_2-Gehalt in der Atmosphäre das Wachstum von Pflanzen fördert. Diese Effekte sind jedoch eindeutig die **Nebenseite.**

---

[18] William J. Ripple u. a., »Many risky feedback loops amplify the need for climate action«, sciencedirect.com 17.2.2023

Zur weltanschaulichen Grundlage der Verkennung der neuen Qualität stellte das Buch »Die Krise der bürgerlichen Naturwissenschaft« Anfang 2023 fest:

*»Inzwischen ist die globale Umweltkrise in die **globale Umweltkatastrophe** übergegangen, ohne dass die in positivistischer Denkweise befangenen bürgerlichen Ökologen das bemerkt haben.«*[19]

Die **bürgerliche und kleinbürgerliche Denk- und Arbeitsweise** kann mit ihrer positivistischen Methode die neue Qualität der Umweltzerstörung nicht erkennen, sondern nur dazu beitragen, sie zu verschleiern.

Nur die proletarische Denkweise kann dies treffend qualifizieren. Sie sieht den Tatsachen nüchtern ins Auge, geht mit der dialektisch-materialistischen Methode den Dingen und Prozessen auf den Grund, arbeitet ihre materiellen Gesetzmäßigkeiten heraus, kann Prognosen treffen und nimmt keine Rücksicht auf die kapitalistische Profitwirtschaft. Sie schärft den Blick gegen jede idealistische Verharmlosung oder panische Weltuntergangsstimmung, indem sie die einzelnen Phänomene in den Gesamtzusammenhang einordnet. Folglich kann sie treffende Schlussfolgerungen für die Strategie und Taktik im Kampf zur Rettung der natürlichen Lebensgrundlagen der Menschheit ziehen und mit Überzeugung umsetzen.

Der Prozess des Umschlags der Umweltkrise in die Umweltkatastrophe entwickelt sich jetzt **im Stadium der begonnenen globalen Umweltkatastrophe**, in dem es auch noch Faktoren gibt, die der Qualität der Umweltkrise entsprechen.

Nach heutigem Kenntnisstand sind allerdings die bereits eingetretenen Zerstörungs- und Selbstzerstörungsprozesse der globalen Umweltkatastrophe unwiderruflich. Lediglich das

---

[19] Stefan Engel, »Die Krise der bürgerlichen Naturwissenschaft«, S. 10

Schaubild 1:
Qualitativer Sprung von der globalen Umweltkrise zur globalen Umweltkatastrophe

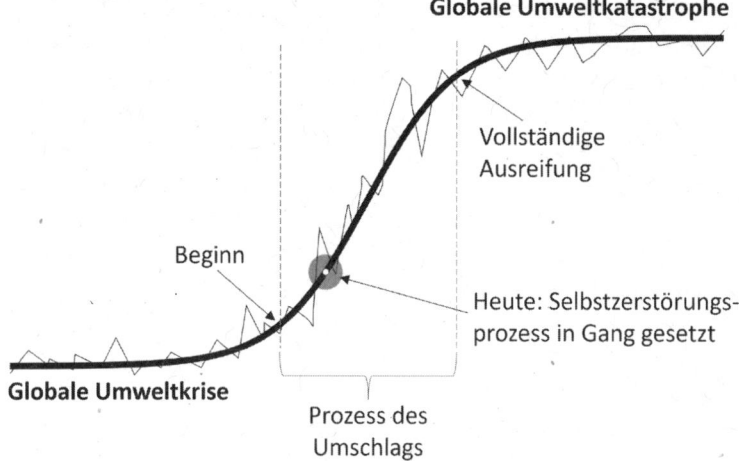

Globale Umweltkatastrophe

Vollständige Ausreifung

Beginn

Heute: Selbstzerstörungsprozess in Gang gesetzt

Globale Umweltkrise

Prozess des Umschlags

Tempo ihrer Entfaltung kann verlangsamt werden: durch die Dämpfung der irreversiblen und den Stopp oder die Umkehrung der noch nicht irreversibel gewordenen Prozesse der Umweltkrise.

Allseitige Wechselwirkungen und Selbstverstärkung im Prozess der globalen Umweltkatastrophe

Spätestens seit den 2020er-Jahren hat **jeder** bis dahin ausgebildete Hauptfaktor der globalen Umweltkrise eine **Eigendynamik und Selbstverstärkung** entwickelt. Es haben sich eine Reihe neuer Hauptfaktoren herausgebildet.[20] Zugleich gibt es eine allseitige Wechselwirkung zwischen den verschiedenen Faktoren. Der ungebremste Anstieg der **Treibhaus-**

---

[20] siehe Abschnitt VII.B

gase erhitzt Atmosphäre, Meere und Böden – und hat bereits die Qualität einer begonnenen **globalen Klimakatastrophe. Dürren** führen zu **Hungerkatastrophen.** Sie nehmen an Häufigkeit und Intensität ebenso zu wie **sintflutartige Überschwemmungen** und **verheerende Stürme.** Die **Erhitzung der Erde** fördert auch die **fortschreitende Ausdünnung der Ozonschicht,** und die ungebremste UV-Strahlung schädigt jedes Leben. Die Degradierung und Zerstörung der **Wälder** beschleunigt den Prozess der globalen Umweltkatastrophe, fördert **Wüstenbildung, Bodenerosion, Wassermangel und Artensterben.** Mit den **tropischen Regenwäldern** in Asien, Afrika und Lateinamerika verschwinden die **bedeutendsten Kohlenstoffsenken, wichtige Sauerstoffproduzenten** und eine außerordentliche **Artenvielfalt.** Die unkontrollierte **Vermüllung, Verstrahlung, Verseuchung und Vergiftung** der Biosphäre untergräbt **Gesundheit** und **Reproduktionsfähigkeit** der Gattung Mensch ebenso wie der Pflanzen- und Tierwelt.

Die **weltweit abschmelzenden Eismassen der Gletscher** lassen den Meeresspiegel drastisch ansteigen und befördern zugleich eine globale **Trinkwasserkatastrophe.** Der sich anbahnende irreversible Prozess sich erwärmender und versauernder **Weltmeere** gefährdet das lebensnotwendige Plankton als eine Lunge der Erde, Fundament der Nahrungskette und die »**biologische Kohlenstoffpumpe**« in den Weltmeeren. Die **Vergeudung von Rohstoffen, Energie und Nahrungsmitteln** beutet schon heute den Planeten weit über seine natürliche Reproduktionsfähigkeit aus. Internationale Monopole wollen den **Bergbau** auf den besonders empfindlichen Boden der **Tiefsee** ausdehnen – ein Gipfel des **Raubbaus an Naturstoffen!** Die **imperialistische Aufrüstung mit Atomwaffen** birgt die Gefahr eines alles vernichtenden atomaren Weltkriegs.

Diese krisenhaften Entwicklungen werden identisch in einer neuen Dimension des **Artensterbens**, das zunehmend mehr Ökosysteme destabilisiert und auszulöschen droht. Diese Prozesse haben die Tendenz zur **Zerstörung der gesamten Biosphäre**, die sich in 3,5 Milliarden Jahren als Grundlage der menschlichen Existenz herausgebildet hat.

Wesentliches Kennzeichen der globalen Umweltkatastrophe ist **die Wechselwirkung ihrer verschiedenen Hauptfaktoren** und ihr **systemisches, sich gegenseitig verstärkendes Zusammenwirken als kumulierender Zerstörungs- und Selbstzerstörungsprozess**. Es trat eine **Eigendynamik** ein, die mehr und mehr zum **bestimmenden Faktor** der beschleunigten Entwicklung der globalen Umweltkatastrophe wird. Das heißt: Selbst wenn die Einheit von Mensch und Natur augenblicklich zur gesellschaftlichen Leitlinie würde, hören die Zerstörungs- und Selbstzerstörungsprozesse nicht auf, die Grundlagen des menschlichen Lebens abzuschaffen. Denn sie wirken teils über lange Zeiträume, teils sind sie nach heutigem Kenntnisstand gänzlich irreversibel.

Das Buch »Die Krise der bürgerlichen Naturwissenschaft« stellt zum Eintritt in die globale Umweltkatastrophe fest,

*»eine Reihe **überschrittener Kipppunkte** sind bereits **irreversibel** und verschärfen ohne unmittelbares Zutun der kapitalistischen Produktion und Konsumtion die globale Umweltkrise.«*[21]

Das imperialistische Weltsystem hat die **globale Umweltkatastrophe** ausgelöst, und sie ist jetzt **zu einer gesetzmäßigen Erscheinung** geworden. Niemand kann heute vorhersagen, ob ihr Ausreifen Jahrzehnte, Jahrhunderte oder Jahrtausende dauern wird. Auf jeden Fall wird dieser Prozess

---

[21] Stefan Engel, »Die Krise der bürgerlichen Naturwissenschaft«, S. 88

dazu beitragen, die menschliche Existenz dramatisch und unverantwortlich zu verkürzen.

Immer größere Teile der Menschheit werden empfindliche Beeinträchtigungen ihres Lebens erfahren. Das macht die globale Umweltkatastrophe zum Antrieb der beschleunigten Destabilisierung des imperialistischen Weltsystems und der **internationalen Tendenz zu gesamtgesellschaftlichen Krisen.** Sie kann zu einem entscheidenden Faktor **politischer oder revolutionärer Krisen** werden.

Immer weniger Menschen auf der Welt können und wollen in der alten Weise leben. Sie wollen weder in der globalen Umweltkatastrophe noch in einem Dritten Weltkrieg, einer faschistischen Diktatur oder in Armut, Hunger und stetig auf der Flucht dahinvegetieren oder untergehen.

Hunderte Millionen engagieren sich schon heute für den Umweltschutz, sehen aber meist noch nicht die **Notwendigkeit eines gesellschaftsverändernden Kampfs** und den **grundlegenden Zusammenhang zum proletarischen Klassenkampf.** Die **Rettung der Menschheit** kann und muss auf die Tagesordnung der Geschichte gesetzt werden. Das ist nur in einer sozialistischen und kommunistischen Weltgemeinschaft zu verwirklichen.

VII. Wesentliche Merkmale der globalen Umweltkatastrophe

Die These vom Eintritt in das Stadium der globalen Umweltkatastrophe bedarf eines **allseitigen wissenschaftlichen Nachweises**. Die bereits **irreversiblen Selbstzerstörungsprozesse** und der Grad ihrer möglichen Eindämmung oder Verlangsamung müssen ebenso beurteilt werden wie die noch beherrschbaren Merkmale der globalen Umweltkrise.

Die **Forschung über »Kipppunkte«** ist zu begrüßen, da sie qualitative Sprünge in der Entwicklung in Rechnung stellt. **Conor Purcell** und **Michael Keary** definieren die von ihnen untersuchten »Kipppunkte« im Klimasystem folgendermaßen:

»Kipppunkte sind bestimmte Schwellenwerte im Klimasystem der Erde. Ihr Überschreiten führt zu abrupten und in der Regel irreversiblen Veränderungen in diesem System. ... Die Folgen ... gehen sogar noch weiter als die bereits im Zusammenhang mit dem Klimawandel vorhergesagten Szenarien.«[22]

Diese Definition von Kipppunkten geht zu Recht über die Feststellung der allein quantitativen Zunahme bestimmter Merkmale der Umweltkrise hinaus und findet qualitativ neue Zustände auf.

Die Problematik der Begriffe »Kipppunkte« und des aus ihnen folgenden »Dominoeffekts«, der »Kaskaden« und »Rückkopplungen« liegt in der mechanischen Betrachtungsweise,

---

[22] Conor Purcell, Michael Keary, »Amazonas Regenwald: Welche Auswirkungen hat das Überschreiten des Kipppunkts auf die menschliche Sicherheit?«, germanwatch.org 16.2.2023

die von vielen Umweltforschern geteilt wird. Diese verein-
fachende Darstellung **vernachlässigt den systemischen
Zusammenhang der qualitativen Veränderung in der
Gesamtheit der Biosphäre**. Lenin definierte als wesentlich
in der materialistischen Dialektik

>»*eine sprunghafte, mit Katastrophen verbundene, revolutio-
näre Entwicklung; ›Abbrechen der Allmählichkeit‹; Umschla-
gen der Quantität in Qualität; innere Entwicklungsantrie-
be, ausgelöst durch ... den Zusammenprall der verschiedenen Kräfte und Tendenzen ... gegenseitige Abhängigkeit und
engster, unzertrennlicher Zusammenhang **aller** Seiten jeder
Erscheinung (wobei die Geschichte immer neue Seiten er-
schließt)*«.*[23]

Für die Untersuchung des qualitativen Umschlags der
Umweltkrise in eine globale Umweltkatastrophe hat das dialektisch-materialistische Herangehen, wie Lenin es verlangte,
ausschlaggebende Bedeutung. Es ist dem Modell der Kipppunkte weit überlegen.

A. Die Entwicklung der bisherigen Hauptmerkmale der globalen Umweltkrise

A.1. Von der Klimakrise zur Weltklimakatastrophe

Die Lufthülle der Erde lässt Teile der Sonneneinstrahlung
durch, die die Erdoberfläche erwärmt. Sie schützt aber auch,
indem sie einen Teil der von der Erde reflektierten Wärme-
strahlung zurückstrahlt. Erst dieser natürliche Treibhauseffekt ermöglicht menschliches, tierisches und pflanzliches
Leben. Das wäre bei der sonst herrschenden mittleren Tem-

---

[23] Lenin, »Karl Marx«, Werke, Bd. 21, S. 43

peratur von minus 18 Grad Celsius auf der Erdoberfläche unmöglich.

Allerdings geht der Treibhauseffekt seit einiger Zeit entgegen den unseriösen Behauptungen zahlreicher Klimaskeptiker weit über das natürliche Maß hinaus. Die bisherige natürliche Wechselbeziehung zwischen der Energieeinstrahlung von der Sonne und der Energieabstrahlung von der Erde wird durch die höhere Konzentration von Treibhausgasen in der Atmosphäre gestört und die Wärmeabstrahlung zunehmend blockiert. Die **Erhitzung der Atmosphäre** nimmt immer mehr **zerstörerischen Charakter** für das Weltklima an.

Das Einbringen von Treibhausgasen wie CO_2, Methan und Lachgas in die Atmosphäre steigert den Treibhauseffekt in besonderem Maß. Wie die Tabellen 1 bis 3 zeigen, stiegen seit Anfang der 1990er-Jahre die Treibhausgas-Emissionen sowie ihre Konzentration in der Atmosphäre sowie die durchschnittliche Temperatur der Erde beschleunigt und teils sprunghaft an.

Tabelle 1:
Entwicklung der globalen Treibhausgas-Emissionen in Millionen Tonnen*

Jahr	1990	1995	2000	2005	2010	2015	2020
Fossiles CO_2	22718	23773	25835	30162	34158	36302	35961
Index (1990 = 100)	100	104,7	113,7	132,8	150,4	159,8	158,3
Methan, Lachgas und Fluorgasverbindungen (als CO_2-Äquivalent)	9502	9720	9895	10660	11281	11894	12416
Index (1990 = 100)	100	102,3	104,1	112,2	118,7	125,2	130,7
Treibhausgase gesamt (als CO_2-Äquivalent)	32220	33493	35730	40823	45439	48196	48376
Index (1990 = 100)	100	104,0	110,9	126,7	141,0	149,6	150,1

* Europäische Kommission, Emissions Database for Global Atmospheric Research (EDGAR), 2022; eigene Berechnungen

Die Konzentration von Kohlendioxid (CO_2) in der Atmosphäre stieg seit dem Jahr 1750 von 278,3 ppm[24] um 50 Prozent auf 417,1 im Jahr 2022. In den 10 000 Jahren davor war sie annähernd konstant. Im gleichen Zeitraum stieg die Konzentration von Lachgas (N_2O) von 270,1 ppb auf 335,7 an, die von Methan (CH_4) sogar von 729,2 ppb auf 1 911,9.

Tabelle 2:
Entwicklung des atmosphärischen CO_2-Gehalts*

Jahr	1990	1995	2000	2005	2010	2015	2020	2022
ppm-Mittelwert	354,1	360,2	369,0	379,0	388,8	399,7	412,4	417,1
Index (1990 = 100)	100,0	101,7	104,2	107,0	109,8	112,9	116,5	117,8

* National Oceanic and Atmospheric Administration (NOAA); eigene Berechnungen

Dabei fällt ein **sprunghafter Anstieg des atmosphärischen CO_2-Gehalts** von 1990 bis 2022 um 17,8 Prozent auf. Im selben Zeitraum stieg auch die **globale Durchschnittstemperatur der Erdoberfläche** beschleunigt an. Bis 2000 betrug die Steigerung gegenüber dem Mittelwert von 1951 bis 1980 schon über 0,4 Grad, bis 2010 dann 0,7 und bis 2020 fast ein Grad.

Tabelle 3:
Entwicklung der globalen Durchschnittstemperatur der Erdoberfläche*

Jahr	1980	1990	1995	2000	2005	2010	2015	2020	2022
Grad Celsius	14,0	14,45	14,47	14,42	14,67	14,72	14,93	14,98	14,86
Index (1980 = 100)	100	103,2	103,4	103,0	104,8	105,1	106,6	107,0	106,1

* Deutscher Wetterdienst nach Daten der NOAA, dwd.de 20.6.2023; eigene Berechnungen.
1980 = Mittelwert 1951–1980

---

[24] parts per million (Anzahl der Moleküle pro einer Million Moleküle trockener Luft); ppb – parts per billion (Anzahl der Moleküle pro einer Milliarde Moleküle trockener Luft)

Beschleunigte Erderwärmung mit der Ausbreitung des Imperialismus und der Herausbildung neuimperialistischer[25] Länder

Die in den G20 zusammengeschlossenen stärksten imperialistischen Länder verursachten 2021 81 Prozent der globalen CO_2-Emissionen.[26] Um seiner Maximalprofite willen reißt das allein herrschende internationale Finanzkapital **die Welt mutwillig und in vollem Bewusstsein in den Abgrund**.

Ein Ergebnis des Aufstiegs der neuimperialistischen Länder ist eine schnell zunehmende Ausbeutung von Mensch und Natur im Weltmaßstab. Der Ausstoß der Treibhausgase allein der neuimperialistischen Länder stieg von 11 617,3 Millionen Tonnen CO_2-Äquivalent im Jahr 1990 um 143,5 Prozent auf 28 286,5 Millionen Tonnen im Jahr 2021. Ihr Anteil am globalen Ausstoß von Treibhausgasen lag damit 2021 bei 56,1 Prozent, während der Anteil der USA 11,1 Prozent und der der EU 6,9 Prozent betrug.

Die »alten« imperialistischen Länder wie die USA oder Deutschland missbrauchen vielfach diese dramatische Entwicklung, um diesen Ländern Schuld zuzuweisen und zur Ablenkung von ihrer eigenen anhaltend hohen Steigerung der CO_2-Emissionen. Realistischer abgebildet wird die Verantwortung für die globale Erwärmung am Vergleich der Pro-Kopf-Emissionen:

Sie lagen 2021 in den USA mit 14,2 Tonnen fossiler CO_2-Emissionen pro Kopf um 63 Prozent höher als in China

---

[25] Dazu gehören die BRICS-Staaten Brasilien, Russland, Indien, China und Südafrika sowie die neuen BRICS-Mitglieder Argentinien, Saudi-Arabien, die Vereinigten Arabischen Emirate und der Iran; die MIST-Staaten Mexiko, Indonesien, Südkorea und die Türkei sowie Katar. (Vergleiche Stefan Engel, »Über die Herausbildung der neuimperialistischen Länder«, S. 7)

[26] Europäische Kommission, Emissions Database for Global Atmospheric Research (EDGAR), 2022; eigene Berechnungen

(8,7 Tonnen). Der Pro-Kopf-Ausstoß in Deutschland war mit 8,1 Tonnen immer noch höher als in den 35 Ländern mit dem geringsten CO_2-Ausstoß zusammen.[27]

Verantwortlich für die Zunahme des Treibhauseffekts sind also ausnahmslos alle imperialistischen Länder.

Die globale Klimakatastrophe hat begonnen!

Der europäische Klimabeobachtungsdienst Copernicus weist für Europa Spitzenwerte und das Überschreiten des 1,5-Grad-Ziels nach:

»Nach dem Durchschnitt der letzten fünf Jahre ist das Klima in Europa inzwischen etwa 2,2 Grad wärmer als in der vorindustriellen Zeit von 1850–1900. Insgesamt steigen laut der Studie die Temperaturen in Europa doppelt so schnell wie im globalen Mittel und schneller als auf jedem anderen Kontinent.«[28]

Die Luft über dem Land erwärmt sich in vielen Gebieten etwa doppelt so schnell wie im globalen Durchschnitt. Die **globale Erwärmung** verlief seit den 1970er-Jahren etwa zehnmal schneller als die natürliche Erwärmung seit dem Ende der letzten Eiszeit vor etwa 20 000 Jahren.

Die Jahre seit 2015 sind weltweit die heißesten seit Beginn der Wetteraufzeichnungen. Neben dem immer noch steigenden Ausstoß von Treibhausgasen in die Atmosphäre sind inzwischen **gewaltige selbstzerstörerische Prozesse** eingetreten, die den Treibhauseffekt zusätzlich beschleunigen – **unabhängig vom menschlichen Willen und Handeln.** Das kennzeichnet eine **neue Qualität,** die **als beginnende Klimakatastrophe** bezeichnet werden muss:

---

[27] ebenda

[28] »Klimabericht für Europa – Beispiellose Hitze und Dürre«, tagesschau.de 20.4.2023

Das **Auftauen der Permafrostböden** ist inzwischen nicht mehr aufzuhalten. Es betrifft 22 Prozent der Erdoberfläche auf der Nordhalbkugel.[29] Permafrostböden enthalten etwa 50 Prozent (1 300 bis 1 600 Milliarden Tonnen) des weltweit im Boden gespeicherten Kohlenstoffs. Wissenschaftler der Universität Fairbanks in Alaska zeigten, dass sich Risse zu bisher im Erdmantel eingeschlossenen tiefen Methanschichten gebildet haben. Ihre Erkenntnisse sind alarmierend:

»Schätzungen zufolge sind im Untergrund der Arktis rund 1,3 Billionen Tonnen Methan gespeichert. Das ist fast 250-mal so viel Methan wie die derzeitige Menge in der Erdatmosphäre.«[30]

Dabei ist zusätzlich zu berücksichtigen, dass Methan 25-mal »wirksamer«, also akut schädlicher ist als CO_2. **Akut** schädlicher heißt, es baut sich in 12 Jahren deutlich schneller ab als CO_2, das auch nach 1 000 Jahren noch nicht vollständig abgebaut ist.[31]

Durch **Hitzewellen in den Meeren** gehen in der Tiefsee **Methanhydrate** in gasförmiges Methan über. Das kann ein Abrutschen von Kontinentalhängen auslösen und verheerende Tsunamis in Gang setzen.

An den **Polen** schmilzt das Eis in einer so dramatischen Geschwindigkeit, dass das Nordpolarmeer voraussichtlich schon von 2035 an im Sommer eisfrei sein wird. Die dadurch bewirkte Minderung des Albedo-Effekts erwärmt die Erde zusätzlich mit natürlicher **Eigendynamik**. Die Erwärmung der Arktis lässt auch den rund 3 000 Meter dicken **Eisschild auf Grönland** beschleunigt schrumpfen. Bis zum Jahr 2023

---

[29] scinexx.de 18.2.2020

[30] »Die geheimnisvollen Krater der Arktis«, arte.tv 11.2.2023

[31] »Die Treibhausgase«, umweltbundesamt.de 26.3.2020

ist der Temperaturanstieg in der Arktis schon bis zu vier-
fach höher als im Rest der Welt. Damit ist das Schicksal des
Eisschilds und seine kühlende Wirkung auf Weltmeere und
Weltklima in absehbarer Zeit besiegelt. Diese Entwicklungen
werden zu einem Zusammenbruch des arktischen Klimasys-
tems führen und eine sprunghafte Verschärfung der Klimakatastrophe auf der Nordhalbkugel bewirken.

Der **Eisschild im Westen der Antarktis schwindet**
inzwischen nicht nur an der Oberfläche, sondern zusätzlich
auch von unten durch erwärmtes Meerwasser. Die Fläche des
Meereises der Antarktis schmolz im Februar 2023 auf einen
Rekordwert von nur noch 1,79 Millionen Quadratkilometer.[32]

Durch Gletscherschwund, Eiskappenschmelze, zunehmenden Starkregen und die Erhöhung des Meeresspiegels kann
es unter Bedingungen wie auf Island 30- bis 50-mal häufiger
zu **Vulkanausbrüchen** kommen.[33]

Die **globale Klimakatastrophe erweist sich so als »Ini-
tialkatastrophe«**, die die Eigendynamik weiterer Merkmale
der Umweltkrise und ihren Umschlag in die globale Umweltkatastrophe forciert.

So dünnt die Erwärmung der Atmosphäre die Ozonschicht
aus. Das Abschmelzen oder Abbrechen von Gletschern trägt
wesentlich zur drohenden Trinkwasserkatastrophe bei. Die
Erwärmung der Meere stört die Meeresströmungen und die
Jetwinde und ist so mitverantwortlich für die sich häufenden
Extremwetterereignisse. Sie kosten schon jetzt weltweit Millionen Menschen Haus und Hof oder in zunehmendem Maß
auch das Leben.

---

[32] fr.de 17.3.2023

[33] Thomas J. Aubry u. a., »Impact of climate change on volcanic processes:
current understanding and future challenges«, link.springer.com 18.5.2023

In schnöder Ignoranz dieser katastrophalen Entwicklungen setzen die internationalen Monopole und ihre imperialistischen Regierungen bei der Energieversorgung noch immer zu 80,9 Prozent auf fossile Energien.[34] Die 60 größten Banken investierten seit dem Pariser Abkommen von 2015 4,6 Billionen US-Dollar in fossile Energieträger.[35]

Der Betrug mit der »Klimaneutralität«

Eine zentrale Methode, die Massen zu manipulieren, Umweltschutz vorzutäuschen und zugleich als Quelle für Maximalprofite zu sprudeln, ist die »**Klimaneutralität**«. Das hauptsächliche Mittel dafür ist der **Handel mit CO_2-Zertifikaten**[36]. Diese vergeben Rechte auf CO_2-Emissionen. Berechtigt kritisiert der Unternehmer **Daniel Vetterkind**:

»So wurden über die Jahre unter anderem Millionen Zertifikate für Projekte verkauft, die keinen zusätzlichen Nutzen für unser Klima aufweisen. ... Das Ergebnis: Eindeutiges Greenwashing, da Unternehmen durch den Kauf dieser Zertifikate Emissionen kompensiert haben und sich damit als ›klimaneutral‹ bezeichnet haben. ... Das ist kompletter Unsinn.«[37]

Schon allein der Grundgedanke, sich von CO_2-Emissionen freikaufen zu können, statt sie rigoros zu reduzieren, ist ein zynischer Ausdruck der imperialistischen Profitmacherei und dekadenten Doppelmoral.

Bis zum Jahr 2018 waren 108 internationale Monopole aus den Bereichen Energie, Bergbau und Zement für 69,6 Prozent

---

[34] Daten für Öl, Kohle und Gas von 2019, bpb.de 28.10.2021

[35] klimareporter.de 31.3.2022

[36] siehe auch »Katastrophenalarm! ...«, S. 114–116

[37] Daniel Vetterkind, »CO_2-Zertifikate als Instrument zur Klimafinanzierung: Greenwashing oder wichtiger Teil der Lösung?«, zukunftdernachhaltigkeit.de 24.5.2023

aller Emissionen von Treibhausgasen verantwortlich. Sie halten sich mit dem Handel von CO_2-Zertifikaten schadlos, weil sie die Kosten über die Verbraucherpreise auf die Massen abwälzen können.

Neben dem Kauf und Verkauf von Verschmutzungsrechten wurde in Deutschland von Januar 2021 an die **CO_2-Bepreisung** eingeführt.[38] Die Bundesregierung verkaufte sie der Bevölkerung als **»Herzstück des Klimaschutzprogramms«**. Im Gegenzug wurde den Massen scheinheilig ein »Klimageld« versprochen, das sie entlasten sollte. Doch im August 2023 offenbarte die Bundesregierung, dass für das Klimageld keine Mittel mehr bereitstehen.[39] Zur gleichen Zeit beschloss sie die überplanmäßige Erhöhung des Preises einer Tonne CO_2 auf 40 Euro ab Januar 2024. Ebenso, dass mehr als 80 Prozent der Einnahmen aus der CO_2-Bepreisung *»in Programme des Wirtschafts- und Klimaministeriums … investiert werden«*[40], also in die Subventionierung der Kapitalisten. Das Mercator Research Institute on Global Commons and Climate Change (MCC) prognostiziert:

> *»Der entsprechende Preisanstieg, im Jahr 2040 schon 400 Euro je Tonne CO_2, bedeutet für eine mittlere vierköpfige Stadt-Familie von heute an auf 20 Jahre gerechnet 15.300 Euro zusätzlich für die Gas-, 18.500 Euro für die Ölheizung und 12.600 Euro fürs Verbrennerauto. … Für Haushalte, die kurzfristig nicht umsteigen oder in größerem Umfang Energie sparen können … eine schwer zu tragende finanzielle Belastung.«*[41]

---

[38] CO_2-Bepreisung bedeutet, dass diejenigen, die CO_2-Emissionen ausstoßen, dafür an den Staat bezahlen müssen.

[39] »Wo bleibt das Klimageld?«, tagesschau.de 11.8.2023

[40] »Sonderetat für das Klima aufgestockt«, Frankfurter Rundschau, 10.8.2023

[41] »CO_2-Preis als Investitionsanreiz für Privathaushalte«, mcc-berlin.net 18.4.2023. Das MCC ist eine gemeinsame Gründung der Stiftung Mercator und des Potsdam-Instituts für Klimafolgenforschung (PIK).

So erweist sich die Phrase von der »Klimaneutralität« lediglich als demagogische Masche der alltäglichen Machtausübung im staatsmonopolistischen Kapitalismus: Die Massen sollen für die Politik des imperialistischen Ökologismus bezahlen! Das benutzen die faschistoiden und faschistischen Demagogen der AfD, um ihre Klimaskepsis unter den Massen zu verbreiten und neue Unterstützer zu finden.

Der »Minister für Industrie und fortschrittliche Technologie« der Vereinigten Arabischen Emirate und Geschäftsführer der staatlichen Ölgesellschaft Abu Dhabi National Oil Company, **Sultan Ahmed Al Jaber**, wird Chef der nächsten UN-Weltklimakonferenz im Dezember 2023 in Dubai. Offenherzig führte er am 31. Oktober 2022 aus:

»Es geht nicht um Öl und Gas oder Solarenergie, nicht um Windkraft oder Kernkraft oder Wasserstoff. Es geht um Öl und Gas und Solar, Wind und Kernkraft und Wasserstoff. ... Wir müssen die Emissionen eindämmen, nicht den Fortschritt.«[42]

Dabei versteht Al Jaber unter »Eindämmung der Emissionen« die verschiedenen Techniken der unterirdischen Verpressung oder Lagerung von CO_2. Dafür will er weiter Unmengen von Gas und Öl fördern und verkaufen. Es ist kaum zu glauben, dass ihm die deutsche Außenministerin Annalena Baerbock für seine umweltpolitische Genialität auch noch applaudiert:

*»Lieber Dr. Sultan Al Jaber, ich bin deshalb froh, dass Ihr Euch für Eure COP-Präsidentschaft auch vorgenommen habt, einen klaren **Fahrplan** aufzustellen, um die 1,5-Grad-Grenze in **Reichweite** zu halten. ... Unser Anspruch für die COP in Dubai muss es sein, das Ende des Zeitalters der fossilen Energien **einzuläuten**.«*[43]

[42] Adel Abdel Zaher, »Sultan Al Jaber ruft in seiner ADIPEC-Eröffnungsrede zu maximaler Energie und minimalen Emissionen auf«, wam.ae 31.10.2022

[43] »Rede von Außenministerin Annalena Baerbock beim 14. Petersberger Klimadialog«, auswaertiges-amt.de 2.5.2023 – Hervorhebung Verf.

Baerbock und Al Jaber läuten jedoch nicht etwa das Ende des Zeitalters fossiler Energien ein, sondern läuten die Totenglocken für ein menschheitsgerechtes Klima.

A.2. Die nachhaltige Zerstörung der Ozonschicht

Die Ozonschicht in der Stratosphäre in 15 bis zu 50 Kilometern Höhe der Erdatmosphäre schützt jede Form lebendiger Materie auf der Erde vor der zerstörerischen, letztlich tödlichen Wirkung der ultravioletten Strahlung der Sonne. Deshalb beunruhigte die Entdeckung eines **antarktischen Ozonlochs** 1986, eines arktischen Ozonlochs 2020 sowie die allgemeine Ausdünnung der Ozonschicht die Welt. Am 9. Januar 2023 meldeten jedoch die online-Nachrichten des Zweiten Deutschen Fernsehens (ZDF):

»UN-Experten rechnen damit, dass sich die Ozonschicht in den kommenden Jahren erholt.«[44]

Was die »UN-Experten« als seriöse wissenschaftliche Erkenntnisse verbreiten wollten, entpuppte sich relativ schnell als dreiste Meinungsmanipulation! Die Meldung fußte nämlich allein auf der Tatsache, dass der Verbrauch des Ozonkillers Fluorchlorkohlenwasserstoff (FCKW) entsprechend dem Montreal-Protokoll von 1987 eingeschränkt wurde.

Aber im Frühjahr 2020 stellte die MOSAiC-Expedition[45] in die Arktis erneut einen Rekordrückgang der Ozonschicht fest:

---

[44] »Experten rechnen mit Erholung: Ozonschicht-Regeneration bis 2066 erwartet«, zdf.de 9.1.2023

[45] Die MOSAiC-Expedition des Alfred-Wegener-Instituts mit Wissenschaftlern aus 19 Nationen war die größte Arktisexpedition aller Zeiten von Oktober 2019 bis Oktober 2020. Expeditionsleiter war Prof. Dr. Markus Rex.

»Im Höhenbereich des Ozonmaximums waren demnach etwa 95 Prozent des Ozons zerstört ... obwohl die Konzentration Ozon zerstörender Substanzen seit der Jahrtausendwende sinke.«[46]

Die Ausdehnung des antarktischen Ozonlochs ist seit 1995 nahezu unverändert groß. Es erstreckt sich über mehr als 20 Millionen Quadratkilometer – fast doppelt so groß wie der antarktische Kontinent. Die Ausdehnung unterliegt jährlichen Schwankungen, aber **von einem Schließen des Ozonlochs kann keine Rede sein.**

Mittlerweile bewirken mindestens sechs Faktoren die **anhaltende und zum Teil dauerhafte Zerstörung der Ozonschicht:**

Erstens: Die beschleunigte Erderwärmung hat einen nachhaltig zerstörerischen Effekt auf die Ozonschicht. Denn dieselben Treibhausgase, die zur Erhitzung der Erde führen, kühlen die Stratosphäre besonders im Winter ab. Ein Abkühlen der Stratosphäre führt aber nach neuesten Erkenntnissen zur Ausdünnung der Ozonschicht. In Verbindung mit veränderten Windströmen kommt es auch über die Arktis und Antarktis hinaus zum Abbau der Ozonschicht bis nach Europa, Asien, Australien, Afrika und Nordamerika.[47]

Zweitens: Der Abbau der Fluorchlorkohlenwasserstoffe in der Stratosphäre dauert Jahrzehnte bis Jahrhunderte. Hinzu kommt, dass verschiedene Länder wie China sie entgegen internationaler Abkommen illegal und in großem Umfang weiter verwenden.

---

[46] »Klimawandel schädigt Ozonschicht über der Arktis immer weiter«, spektrum.de 23.6.2021

[47] »Komplexer Mechanismus – Klimawandel führt zu Ozonabbau über der Arktis«, zeit.de 23.6.2021

Drittens: Die Nachfolgestoffe von FCKW sind Treibhausgase, *»deren klimaschädliche Wirkung die von CO_2 um mehr
als das 10 000-Fache übersteigen kann.«*[48]

Viertens: Zunehmend trägt auch die großindustrielle
kapitalistische Agrarwirtschaft mit ihrem hohen Ausstoß
an Distickstoffmonoxid (Lachgas) zur Zerstörung der Ozonschicht bei.

Fünftens: Lokale Umweltkatastrophen wie die weltweit
sprunghaft gestiegene Zahl verheerender Waldbrände schleu-
dern große Mengen an Rauchpartikeln in die Stratosphäre
und schädigen dadurch massiv die Ozonschicht.[49]

Sechstens: Die explodierende Zahl von Raketenstarts zur
Beherrschung des Weltraums bedroht die Ozonschicht durch
erhebliche CO_2-, CO- und Stickoxid-Emissionen in der Stratosphäre.[50]

Zum Zeitpunkt seiner Entdeckung wäre das Problem des
Ozonverlusts noch heilbar gewesen. Denn im natürlichen
Gleichgewicht der Lufthülle der Erde wird Ozon nicht nur zer-
stört, sondern durch das Sonnenlicht auch stets neu gebildet.

Doch die Klimakatastrophe führt zu weiterer **Ausdünnung oder gar Zerstörung der Ozonschicht**, selbst wenn
die Menschen jede schädigende Handlung sofort einstellen
würden. Deshalb muss der Prozess der Zerstörung der Ozonschicht nach heutigem Ermessen als **nachhaltig** und damit
irreversibel und lebensbedrohlich qualifiziert werden.

---

[48] Jane Palmer, »Die FCKW-Detektive«, spektrum.de 25.1.2020
[49] Markus Atzl, »Was ist das Ozonloch?«, greenpeace.de 1.12.2022
[50] telepolis.de 14.5.2019

A.3. Die Gefahr umkippender Weltmeere

Die **Weltmeere** sind eine **unverzichtbare Lebensgrundlage der Menschheit** und haben zentrale Bedeutung für das gesamte biosphärische System der Erde.

Bereits die erste Ozean-Schutzkonferenz der Vereinten Nationen, die vom 5. bis 9. Juni 2017 in New York stattfand, einigte sich auf den »Handlungsaufruf an alle Staaten und sonstigen Interessenvertreter«, die Verschmutzung der Meere einzudämmen, die Artenvielfalt und die einzigartigen Lebensräume der Ozeane, Seen und Küsten zu erhalten.[51] Die Folgekonferenz vom 27. Juni bis 1. Juli 2022 in Lissabon vergoss dann die hinreichend bekannten Krokodilstränen:

»Wir bedauern zutiefst unser kollektives Scheitern, die für 2020 aufgestellten Zielvorgaben ... zu erreichen ...

Der Meeresspiegel steigt, die Küstenerosion verschlimmert sich, und die Ozeane werden wärmer und saurer. Die Meeresverschmutzung nimmt bestürzend schnell zu, ein Drittel der Fischbestände wird überfischt, die biologische Vielfalt der Meere schwindet weiter, etwa die Hälfte aller lebenden Korallen ist verloren gegangen, und von invasiven gebietsfremden Arten[52] geht eine erhebliche Bedrohung für die Meeresökosysteme und -ressourcen aus.«[53]

Dieser Offenbarungseid ist nicht verwunderlich, weil die Regierungen und Medien seit Jahren nur von der Klimakatastrophe reden und die Gesamtentwicklung der globalen Umweltkrise außer Acht lassen.

Alle wesentlichen Parameter zur Beurteilung des Zustands der Meere haben sich demnach verschärft. Das bedeutet eine

---

[51] »Erste Ozeanschutz-Konferenz der Vereinten Nationen«, sns.uba.de 3.7.2023

[52] Gebietsfremde Arten mit negativen Folgen.

[53] »Unsere Ozeane, unsere Zukunft, unsere Verantwortung«, un.org 21.7.2022

neue Qualität der Entwicklung hin zum Verlust notwendiger Funktionen der Weltmeere für die gesamte Biosphäre.[54]

Da ist es mehr als kaltschnäuzig, wenn Tausende Wissenschaftler, Politiker, Berater und Lobbyisten serienweise teure Konferenzen durchführen, über katastrophale Entwicklungen lamentieren und am Ende nicht mehr als hochtrabende ökologistische Worthülsen und unverbindliche Absichtserklärungen zur Beruhigung der Bevölkerung produzieren!

Die schwindende Funktion der Meere als CO_2-Senke

Die Weltmeere sind eine der bedeutendsten CO_2-Senken. Sie nahmen in dem Jahrzehnt von 2012 bis 2021 immerhin 26 Prozent der gesamten CO_2-Emissionen auf.[55] Sorgenvoll bilanziert jedoch der Bericht »World Ocean Review«:

»Der Weltozean kann das Treibhausgas nicht so schnell aufnehmen, wie es durch den Menschen in die Atmosphäre freigesetzt wird.«[56]

Das bedeutet, dass die Weltmeere zwar mehr CO_2 aufgenommen haben, aber gemessen an den wachsenden CO_2-Emissionen einen immer geringeren Anteil aufnehmen können. Deutlich mehr CO_2 verbleibt in der Atmosphäre. Hinzu kommt, dass bei der Erwärmung des Meerwassers seine Aufnahmefähigkeit für CO_2 sinkt, bis es schließlich von einer bestimmten Temperatur an sogar wieder CO_2 ausstößt.

Fortschreitende Versauerung der Meere

Die verstärkte Anreicherung der Meere mit Kohlendioxid verringert zwar die Konzentration des Treibhausgases in der

---

[54] Unter Biosphäre wird der Teil der Erde verstanden, der Leben ermöglicht und Lebensformen enthält.

[55] globalcarbonbudget.org 11.11.2022

[56] »World Ocean Review 2010«, worldoceanreview.com

Atmosphäre, beschleunigt aber im Gegenzug die **Versaue-rung der Meere.** Der vorindustrielle pH-Wert von 8,25 ist bis 2021 auf einen durchschnittlichen globalen Wert von 8,05 gesunken. Das klingt nach geringer Veränderung, bedeutet aber einen um über 30 Prozent höheren Säuregehalt des Meers.

Vor allem Organismen mit Kalkschalen und -skeletten vertragen das nicht. Besonders kalkbildende Algen haben eine fundamentale Funktion für das Ökosystem des Meers. **Kristina Bär** vom Helmholtz-Zentrum für Polar- und Meeresforschung berichtet:

*»Die Kalkalge **Emiliania huxleyi** ist in so gut wie allen Weltmeeren zu Hause und stellt für Klimawissenschaftler eine **Schlüsselart** dar. Denn Ehux, so ihr Spitzname, gehört nicht nur zu den wichtigsten Sauerstoff-Produzenten unseres Planeten, sie entzieht dem Meerwasser beim Bau ihrer Kalkschalen auch eine Menge Kohlenstoff und reißt diesen nach ihrem Absterben zu einem gewissen Teil mit in die Tiefsee, sodass dieser Kohlenstoff dem globalen Kohlenstoffkreislauf für mehrere Tausend Jahre entzogen ist.«*[57]

Erwärmung der Meere bis zur Erhitzung

Seit 1975 haben sich die Ozeane kontinuierlich erwärmt. Bis etwa zum Jahr 2000 stieg die Temperatur relativ gleichmäßig um insgesamt 0,35 Grad Celsius. Bis 2010 beschleunigte sich die Erwärmung weiter um etwa 0,55 Grad Celsius. Seit 2015 zeigt sich eine **sprunghafte Erwärmung** der Weltmeere im Vergleich zu 1975 um 0,7 Grad Celsius. Alarmiert meldeten Klimaforscher im Juni 2023:

---

[57] Kristina Bär, »Ozeanversauerung – Der böse Zwilling der Klimaerwärmung«, awi.de 16.12.2022 – Hervorhebung Verf.

»Seit Mitte März ist die globale durchschnittliche Temperatur der Meeresoberflächen durchgehend höher als jemals zu dieser Jahreszeit und erreichte Anfang April mit 21,1 Grad den höchsten bisher gemessenen Wert überhaupt.«[58]

Die **dramatische Erwärmung der Meere**, ihre zunehmende Versauerung und abnehmende Fähigkeit, CO_2 aufzunehmen, lösen eine Reihe von **Kettenreaktionen** aus: Das sind ein beschleunigtes Abbrechen und Abschmelzen des polaren Meereises und der Gletscher, ein signifikanter Anstieg des Meeresspiegels, das Erlahmen von Meeresströmungen, die beschleunigte Erwärmung des Klimas an Land, die zunehmende Zerstörung der Nahrungsgrundlage der maritimen Tier- und Pflanzenwelt, erhöhtes Aufkommen giftiger Mikroalgen, die Verringerung der Artenvielfalt, eine stärkere Verdunstung des Meerwassers und damit gesteigerte Bildung von Wasserdampf als zusätzlicher Treiber der Klimaerwärmung, häufigere und intensivere Wetterextreme wie Starkregen, Überflutungen oder Wirbelstürme.

Aufgrund der thermischen Trägheit der Ozeane bleibt deren Erwärmung für lange Zeit unumkehrbar. Eine Modellrechnung von **Dana Ehlert** und **Kirsten Zickfeld** vom GEOMAR Helmholtz-Zentrum in Kiel zeigte: Selbst angenommen, die CO_2-Konzentration würde wieder auf das vorindustrielle Niveau sinken, dann würde es fast tausend Jahre dauern, bis die Meere die aufgenommene Wärme wieder abgeben könnten.[59] Die **Meereserwärmung** ist **also mindestens auf viele Jahrhunderte irreversibel!**

---

[58] Lars Fischer, »Warum der Nordatlantik so extrem warm ist«, spektrum.de 13.6.2023

[59] Dana Ehlert und Kirsten Zickfeld, »Irreversible ocean thermal expansion under carbon dioxide removal«, esd.copernicus.org 5.3.2018

Der Anstieg des Meeresspiegels als Folge der Klimakatastrophe

Hauptsächlich das Abschmelzen der Eisschilde an beiden Polen, der Gletscher sowie die Ausdehnung des Meerwassers infolge seiner Erwärmung bewirken einen gewaltigen Anstieg des Meeresspiegels. Der Klimawissenschaftler **Jan Tolzmann** schreibt:

»Würde der komplette grönländische Eisschild abschmelzen, würde der globale Meeresspiegel um 7,4 Meter ansteigen. Käme das komplette Schmelzwasser aus dem antarktischen Eisschild dazu, würde der globale Meeresspiegel um weitere 58 Meter zunehmen.«[60]

Davon wären nicht Millionen, sondern Milliarden Menschen betroffen, die ihrer Lebensgrundlage beraubt würden. Das würde nicht nur Megastädte wie New York, Tokio, Shanghai, Jakarta oder Mumbai betreffen. Auch Länder, die nur knapp über dem Meeresspiegel liegen, etwa Bangladesch mit seinen 170 Millionen Einwohnern, und ganze Inselgruppen sind bedroht. Bereits bei einem Anstieg des Meeresspiegels von wenigen Metern versinken beispielsweise die Malediven und die Marshallinseln in den Fluten.

Beschleunigte Vermüllung und Vergiftung der Meere

Vermüllung und Vergiftung beschleunigen zusätzlich das Umkippen und Absterben der Meere. Wissenschaftliche Untersuchungen des Europaparlaments gehen davon aus, dass inzwischen 150 Millionen Tonnen **Plastikmüll** die Meere verseuchen und jährlich bis zu 12,7 Millionen Tonnen dazukommen.[61]

---

[60] Jan Tolzmann, »Was passiert, wenn der Meeresspiegel steigt?«, quarks.de 16.3.2022

[61] »Plastik im Meer: Fakten, Auswirkungen und neue EU-Regelungen«, europaparl.europa.eu 26.3.2021

Besonders gefährlich ist die Gesamtmenge von über 20 Millionen Tonnen Mikroplastik.[62] Durch das Aufeinandertreffen unterschiedlicher Klimazonen sowie warmer Winde aus den Tropen und kalter Winde aus den Polargebieten entstanden in den Ozeanen in Äquatornähe fünf **riesige Müllstrudel.** Der **Nordpazifische Müllstrudel** wird auf bis zu 15 Millionen Quadratkilometer geschätzt.

Wesentlich sind auch hier die systemischen Auswirkungen: Tiere verschlucken den Plastikmüll, verwechseln ihn mit Nahrung und verhungern, ihre Lebensräume werden zerstört; Chemikalien und Mikroplastik aus dem Plastikabfall vergiften über die Nahrungskette Mensch und Tier, wertvolle Rohstoffe werden vergeudet.

Vermüllung und Vergiftung der Meere bilden eine untrennbare Einheit. Noch immer gelangen jedes Jahr bis zu 400 Millionen Tonnen Schadstoffe in Seen und Flüsse und dann letztlich in die Meere: Abertausende Chemikalien, landwirtschaftliche Rückstände, Plastik, Arzneimittel, Kosmetikprodukte, Krankheitserreger, giftige Schwermetalle, Produkte illegaler Verklappung von ölhaltigem Wasser, Grubenwasser sowie andere Rückstände aus dem Bergbau und vieles andere.

Eine große Gefahr für die Meere geht von unverschlossenen Bohrlöchern der Erdöl- und Erdgasförderung aus. Allein 14 000 Bohrlöcher von Total, Chevron und ExxonMobil im Golf von Mexiko setzen Unmengen Öl, Methan, radioaktive Gase sowie giftige Chemikalien frei.

Die Schadstoffe werden vom Wind und den Meeresströmungen in jeden Winkel der Weltozeane transportiert und

---

[62] Katsiaryna Pabortsava, Richard S. Lampitt, »High concentrations of plastic hidden beneath the surface of the Atlantic Ocean«, nature.com 2020

erreichen so auch die entlegensten und bisher verschonten Regionen.[63]

Zunehmendes Ausmaß der »Todeszonen«

Global haben die Ozeane in den letzten 50 Jahren zwei Prozent des in ihnen gelösten Sauerstoffs verloren. Als Ergebnis dieser Entwicklung werden »**Todeszonen**«[64] allmählich von einer Besonderheit zur Allgemeinheit. Ihre Anzahl hat sich von 45 in den 1950er-Jahren auf 500 Ende der 1990er-Jahre und beschleunigt bis 2010 auf 700 erhöht. Sie breiten sich dramatisch aus, konzentriert auf flache, küstennahe Gebiete und Binnenmeere.[65] Im Jahr 2023 sind bereits rund 30 Prozent der Ostsee nicht mehr als Lebensraum für Fische geeignet. Das entspricht einer Fläche von 100 000 Quadratkilometern und einem Volumen von 3 000 Kubikkilometern. Zwischen der Küste Afrikas und dem Golf von Mexiko bildet sich seit 2011 jedes Jahr außer 2013 ein über 8 000 Kilometer langer Teppich aus Braunalgen. Wenn diese Pflanzen absterben, setzen sie hochgiftigen Schwefelwasserstoff, Methan und CO_2 frei. Bereits 2018 musste deswegen auf der Karibikinsel Barbados der nationale Notstand ausgerufen werden.[66]

Fortschreitende Zerstörung des Planktons

Fast 98 Prozent der Biomasse in den Weltmeeren besteht aus Plankton[67]. Es wird zu Recht als »**Basis des Lebens im**

---

[63] »World Ocean Review 2021«, worldoceanreview.com

[64] Sauerstoffarme Gebiete im Meer, in denen kaum noch Leben möglich ist.

[65] Dan Laffoley, John M. Baxter (Hrsg.), »Ocean deoxygenation: Everyone's problem«, iucn.org 2019

[66] spektrum.de 5.7.2019

[67] Sammelbegriff der Kleinstlebewesen im Wasser, die sich nicht selbst, sondern mithilfe der Strömung vorwärtsbewegen. Unterschieden wird Phytoplankton aus kleinen Pflanzen und Zooplankton aus winzigen Tieren.

Meer« bezeichnet. Planktongemeinschaften spielen eine ent-scheidende Rolle für die Biosphäre, da sie etwa die Hälfte der globalen Primärproduktion von Sauerstoff und Glucose liefern. Sie spielen in den biochemischen Kreisläufen des Ozeans eine Hauptrolle und bilden auch eine entscheidende Basis der Nahrungspyramide der Menschheit.

Besonders die Erwärmung und Versauerung der Meere sowie verstärkte UV-Einstrahlung führen zur **Zerstörung lebenswichtiger Mengen des Planktons**.

Seit 1998 erfassen Satelliten das Chlorophyll, den grünen Grundstoff der Fotosynthese, in den Meeren und messen so die Biomasse von Phytoplankton. Die **Konzentration** des Chlorophylls, ein Maß für die Biomasse des pflanzlichen Planktons (Phytoplankton) ist nach den Ergebnissen eines Forscherteams um den Wissenschaftler **Daniel G. Boyce** seit 1890 auf etwa zwei Dritteln der globalen Meeresfläche zurückgegangen.[68]

Im Zeitraum von 1998 bis 2020 nahm das Chlorophyll in den Weltmeeren jährlich noch um 0,67 Prozent zu.[69] Dies jedoch vor allem in küstennahen und subpolaren Regionen, wo besonderer Nährstoffreichtum besteht.

Gleichzeitig beobachtete die Forschergruppe um Boyce bereits 2014 die Abnahme von Chlorophyll in acht von elf Ozeanregionen, das heißt bei 62 Prozent der Meeresoberfläche.[70] Die Vielfalt von circa 20 000 Arten von Phytoplankton wird bis zum Jahr 2100 in großen Teilen der subtropischen Meere und der nördlichen Hemisphäre zurückgehen, während sie in

---

[68] Daniel G. Boyce u. a., »Estimating global chlorophyll changes over the past century«, sciencedirect.com 7.2.2014

[69] Shujie Yu u. a., »A new merged dataset of global ocean chlorophyll-a concentration for better trend detection«, frontiersin.org 23.1.2023

[70] Daniel G. Boyce u. a., »Estimating global chlorophyll changes over the past century«, sciencedirect.com 7.2.2014

den Polarmeeren infolge der dortigen Erwärmung zunehmen könnte.

Besonders einschneidend ist, dass die Biomasse von **Kieselalgen** besonders im Nordpazifik und Nordatlantik abnimmt. Sie leisten etwa 40 bis 50 Prozent der globalen primären biologischen Produktion von Sauerstoff in den Weltmeeren und haben wie die Kalkalgen eine wichtige Funktion als »**biologische Kohlenstoffpumpe**« für die Bindung und Langzeitlagerung von Kohlenstoff.

Das um 40 Prozent sinkende Ausmaß der Fotosynthese und das um 18 bis 25 Prozent zurückgehende Wachstum des Planktons beruhen auch auf der zunehmenden Ausbreitung von Mikroplastik.[71] Obwohl sich manche Untersuchungsergebnisse noch widersprechen, kann als nachgewiesen gelten, dass das pflanzliche Plankton erheblich zurückgeht und seine grundlegende Rolle im Ökosystem der Ozeane immer weniger wahrnehmen kann. Das beschleunigt den drohenden **Zusammenbruch des gesamten Ökosystems der Ozeane**.

Zusammengefasst: Die Weltmeere befinden sich in einem **dramatischen Übergang zu irreversiblen Selbstzerstörungsprozessen** mit kaum absehbaren Folgen für die gesamte Biosphäre.

A.4. Beschleunigte Vernichtung der Wälder

Für 2022 legte der Bundesminister für Ernährung und Landwirtschaft, **Cem Özdemir** (»Die Grünen«), eine **alarmierende Erhebung des Zustands der Wälder** in Deutschland vor. Das Baumsterben hat **katastrophale Ausmaße** angenommen. Das ist eine Folge extremer Trocken- und Hitze-

---

[71] Anthony L. Andrady, »Microplastics in the marine environment«, sciencedirect.com August 2011

perioden und des dadurch geförderten massiven Schädlings-
befalls sowie häufiger auftretender Stürme. Laut Bericht
sind vier von fünf Bäumen mehr oder weniger stark geschä-
digt. Betroffen sind alle vier hauptsächlichen Baumarten in
Deutschland: Fichte, Buche, Eiche und Kiefer.

Der **globale Waldverlust** stieg nach Angaben des World
Resources Institute zwischen 2001 und 2022 von jährlich
13,4 Millionen Hektar (Mha) auf 22,8 Mha. 459 Mha Wald wurden seit dem Jahr 2000 vernichtet, zwölf Prozent des damaligen
weltweiten Bestands.[72]

Die Waldgebiete der Erde sind hochkomplexe Ökosysteme.
Bäume gehen nicht nur Symbiosen mit Tieren, Pilzen und
anderen Bäumen ein, sondern auch mit einer Vielzahl von
Bakterienarten.

Die Zerstörung oder Degradierung der Wälder durch großflächige Abholzung, vermehrte Sonneneinstrahlung oder auch
durch Verdichtung des Bodens und andere Eingriffe schwä-
chen den Prozess der Fotosynthese, eine Existenzgrundlage
für Mensch und Tier. Ebenso können die Bäume immer weniger CO_2 speichern.

Die Abholzung der Wälder vernichtet auch die herkömm-
liche Vegetation des Waldbodens, fördert Bodenerosion und
damit Überschwemmungen, Lawinen und Erdrutsche, bringt
Tausende Arten zum Aussterben, fördert Wasserverschmut-
zung. Das zerstört schrittweise die Existenzgrundlage der
Menschen.

Das Waldsterben ist nicht nur die Folge, sondern auch eine
Ursache für Erderwärmung und Artensterben: Rund
13 Prozent der weltweiten Emissionen von Treibhausgasen
stammen daher.[73]

---

[72] research.wri.org 15.4.2023
[73] wwf.de 8.1.21

Das Problem der Wiederaufforstung der Wälder

Die am meisten verbreitete Forderung, um dem Waldsterben entgegenzuwirken, ist die nach **Wiederaufforstung**. Satellitenbilder haben erkennen lassen, dass weltweit theoretisch 900 Millionen Hektar zur Verfügung stehen, auf denen neue Wälder wachsen könnten.

»Die auf dieser Fläche gepflanzten Bäume könnten 205 Gigatonnen Kohlenstoff aus der Atmosphäre speichern – im Jahr 2018 wurden weltweit 37 Gigatonnen Kohlendioxid emittiert, die ziemlich genau 10 Gigatonnen Kohlenstoff entsprechen.«[74]

Aufforstung ist zweifellos dringend geboten. Die entscheidende Frage ist jedoch, wie sie erfolgt. Bundesminister Özdemir fällt nicht mehr ein, als schlicht *»Mischwald statt Monokulturen«* zu fordern.[75] So wichtig Mischwälder sind, so ist die Alternative zu Monokulturen aus kranken Bäumen wohl kaum ein Mischwald aus kranken Bäumen!

Entschieden fordert demgegenüber der berühmteste deutsche Förster, **Peter Wohlleben**:

*»Wir müssen weg von der völlig auf Holzertrag fokussierten Bewirtschaftung unserer Wälder ... Die Kühlungs- und die Wasserspeicherfunktion muss einen höheren Stellenwert erhalten. Wir müssen gewährleisten, dass das **Ökosystem Wald** arbeitsfähig bleibt.«*[76]

Wohlleben warnt, *»Wiederaufforstungen schlagen ... immer häufiger fehl.«*[77] Der Journalist **Raphael Schleuning** berich-

---

[74] »Weltweit verfügbare Flächen zur Aufforstung zum Klimaschutz«, sciencemediacenter.de 4.7.2019

[75] »Waldzustandserhebung: 4 von 5 Bäumen sind krank – Waldumbau drängt«, bmel.de 21.3.2023

[76] Philipp Hedemann, »Peter Wohlleben: ›Nicht meine Forderungen sind radikal, der Klimawandel ist radikal‹«, fr.de 26.4.2023 – Hervorhebung Verf.

[77] ebenda

tet über eine Kontrolluntersuchung zur Wiederaufforstung an 176 Orten in Asien:

> *»Es war alarmierend: Während im ersten Jahr durchschnittlich nur 18 Prozent der Bäume starben, waren nach fünf Jahren nur mehr 56 Prozent am Leben.«*[78]

Aufforstung muss sinnvoll und unter klar geregelten Bedingungen betrieben werden. So durch die gleichzeitige Sicherstellung von Bewässerung, Schutz der Setzlinge durch ältere und der Region angepasste Bäume, wo immer möglich, sowie ökologische Bewirtschaftung. Stets ist **Verhinderung der Abholzung der Wiederaufforstung vorzuziehen**.

Die Zerstörung der »grünen Lunge der Welt«

Vor allem die **drei großen Regenwälder** sind überlebensnotwendig für den ganzen Planeten: das Gebiet um den Amazonas in Südamerika, um den Kongo in Zentralafrika und in Südostasien. Das Alter des Regenwalds im Amazonasgebiet beträgt 50 bis 55 Millionen Jahre. Er birgt in sich eine einzigartige Artenvielfalt, zu der schätzungsweise zehn Prozent aller bekannten Arten auf der Erde gehören, darunter um die 16 000 Baumarten mit etwa 400 Milliarden Bäumen. Der Amazonas-Regenwald bindet zwölf Prozent des Süßwassers der Erde. Ist dieser Wald erst einmal tot, gibt es nach heutigem Erkenntnisstand kein Zurück mehr. Wie sollen auch über 50 Millionen Jahre gewachsene Ökosysteme in absehbarer Zeit neu entstehen?

Der Wasserkreislauf erhält das Leben im System Regenwald. Im Amazonas-Regenwald kann ein Wassermolekül auf seiner Reise vom Gebirge ins Meer bis zu sechsmal als Regen

---

[78] Raphael Schleuning, »Aufforstung von Regenwäldern: Nur die Hälfte der gepflanzten Bäume überlebt«, europeanscientist.com 27.11.2022

fallen. Verkleinert sich die Waldfläche, vor allem des Küsten-
walds, erheblich, wird dieser Kreislauf grundlegend gestört
oder bricht schließlich zusammen. Der Wald verwandelt sich
zunehmend in Savanne. Weitere Bäume sterben ab, Waldbrände entstehen und in ganz Zentral- und Südamerika reg-
net es weniger. Dieser qualitative Sprung hätte verheerende
Wirkungen.

Die **Vernichtung des Regenwalds** hat von 2012 bis 2021
im Vergleich zu den zehn Jahren davor um 34,6 Prozent
zugenommen. Im Jahr 2022 entsprach der jährliche Verlust
tropischer Regenwälder weltweit mit 41 000 Quadratkilometern einer Fläche so groß wie die Schweiz!

Der **Amazonas-Regenwald** galt stets als »grüne Lunge
der Welt«. Aber seit den 1970er-Jahren umfasst die gerodete
Fläche bereits alarmierende rund 900 000 Quadratkilometer –
eine Fläche mehr als doppelt so groß wie Deutschland![79] So ist
er inzwischen von einer CO_2-Senke zu einem **CO_2-Emitten-
ten** geworden. Zwischen 2010 und 2019 hat das Amazonas-
Becken 13,9 Milliarden Tonnen CO_2 gebunden, setzte aber
16,6 Milliarden Tonnen frei.

Trügerisch ist die Hoffnung, dass eine teilweise Abholzung
des Regenwalds den verbleibenden Bestand gesund zurück-
lasse. Im Gegenteil, die **nachlassende Widerstandskraft** hat
bereits lebensbedrohliche Folgen für den ganzen Wald. Einige
Forscher gehen davon aus, dass die Zerstörung des Ökosystems des Amazonas-Regenwalds bereits bei einer Abholzung
von 20 bis 25 Prozent der Fläche erreicht sein könnte. Schon
heute sind mindestens 15 Prozent zerstört! **Paulo Brando**,
Tropenökologe an der University of California, zieht als Schluss-

---

[79] Ignacio Amigo, »Wann kippt der Amazonas-Regenwald?«, in: Spektrum
der Wissenschaft kompakt 37/2022, S. 9. Die Fläche Deutschlands umfasst
357 600 Quadratkilometer.

folgerung die klare Lehre,»*die Hauptsache sei, dass diese* (die Zerstörung des Regenwalds) *nicht stattfinde.*«[80]

Deshalb ist es geradezu verbrecherisch, dass sich nicht einmal der»Regenwald-Gipfel« mit Vertretern von acht Amazonas-Anrainerstaaten im August 2023 auf ein Enddatum der Abholzung einigen konnte.[81]

Internationale Übermonopole als Hauptverursacher des Waldsterbens

Internationale Übermonopole aus dem Agrar-, Handels-, Bergbau- und Bankensektor betreiben die Rodung des Regenwalds vor allem, um riesige Flächen für landwirtschaftliche Nutzung durch Sojaanbau, Viehweiden oder Palmölplantagen, für Infrastrukturmaßnahmen, Expansion der Städte und – in steigendem Maß – Bergbauprojekte zu schaffen. Die Studie»Extracted Forests« des World Wide Fund For Nature (WWF) belegt:

*»Zu den weltweit größten Treibern der Waldzerstörung durch Bergbau gehören drei Industriemächte: China führt die Liste mit einem Anteil von 18 Prozent an, dicht gefolgt von der EU mit 14 Prozent und den USA mit 12 Prozent. **Innerhalb der EU ist Deutschland der größte Importeur von bergbaubedingter Waldzerstörung.**«*[82]

Ohne Zweifel: Die **internationalen Übermonopole und ihre Regierungen tragen die Hauptverantwortung** für die lebensgefährliche Entwaldung rund um den Globus, vor allem der tropischen Regenwälder.

---

[80] ebenda, S. 11 und 12

[81] deutschlandfunk.de 9.8.2023

[82] »WWF-Studie enthüllt: Bergbau ist Treiber der weltweiten Entwaldung«, wwf.de 13.4.2023

A.5. Das Artensterben und die Zerstörung von Ökosystemen

Bezogen auf das heutige Ausmaß des Artensterbens sprechen Wissenschaftler vom **sechsten Massensterben der Erdgeschichte**, dem größten seit 66 Millionen Jahren![83] Von geschätzten acht Millionen Tier- und Pflanzenarten weltweit sind rund eine Million vom Aussterben bedroht. In den meisten Lebensräumen auf dem Land ist die Anzahl der Arten bereits um mindestens 20 Prozent gesunken. Etwa jede vierte Säugetierart insgesamt und jede dritte im Meer drohen auszusterben. Über 40 Prozent der Amphibienarten und fast ein Drittel der riffbildenden Korallen sind mehr oder weniger akut gefährdet.[84] Millionen unentdeckter Arten sind in ihrer Bedeutung und Gefährdung noch unerforscht.

Es ist bemerkenswert, dass **Friedrich Engels** bereits im Jahr 1878 forderte, die **Gesetzmäßigkeiten der Arten** zu untersuchen.

»Übrigens haben die Organismen der Natur ebenfalls ihre Bevölkerungsgesetze, die so gut wie gar nicht untersucht sind, deren Feststellung aber für die Theorie von der Entwicklung der Arten von entscheidender Wichtigkeit sein wird.«[85]

Die **Biodiversität** ist ein zentraler Faktor für das Funktionieren der **lebensnotwendigen Ökosysteme**. Die Biodiversität im Boden ist Grundlage zahlreicher elementarer Lebensprozesse.

»In einem Teelöffel Boden können wir allein eine Million Bakterien, 120 Tausend Pilze und 25 Tausend Algen finden –

---

[83] Gerardo Ceballos u. a., »Accelerated modern human-induced species loss: Entering the sixth mass extinction«, science.org 19.6.2015

[84] Eduardo S. Brondízio u. a. (Hrsg.), »The global assessment report on biodiversity and ecosystem services«, ipbes.net 2019

[85] Friedrich Engels, »Anti-Dühring«, Marx/Engels, Werke, Bd. 20, S. 64

alle mikroskopisch klein. Diese Kleinstlebewesen erfüllen wichtige Funktionen im Stoffkreislauf. ›Pflanzen, Tiere, Pilze und Mikroorganismen reinigen Wasser und Luft und sorgen für fruchtbare Böden. Intakte Selbstreinigungskräfte der Böden und Gewässer sind wichtig für die Gewinnung von Trinkwasser. Die natürliche Bodenfruchtbarkeit sorgt für gesunde Nahrungsmittel. Dies alles … läuft in einem komplexen Wirkungsgefüge ab.‹«[86]

Der Biologe und Wissenschaftler am Helmholtz-Zentrum für Umweltforschung (UFZ), **Josef Settele**, wirft die zentrale Problematik angesichts des Artensterbens auf:

»Bislang wissen wir nicht genau, wann Ökosysteme kippen und nicht mehr funktionieren. Doch wenn wir viele Arten verlieren, kann es irgendwann so weit sein, dass das System zusammenbricht. Merken wir das, wird es zu spät sein – das ist das Dilemma.«[87]

Hans-Otto Pörtner vom Helmholtz-Zentrum für Polar- und Meeresforschung prognostiziert treffend ein Scheitern der globalen Biodiversitäts-, Klima- und Nachhaltigkeitsziele, wenn nicht stärker fachübergreifend zusammengearbeitet werde.

»Ein Beispiel sind die separaten UN-Konventionen zu Biodiversitäts- und Klimaschutz. Beide internationale Abkommen betrachten die zwei Krisen zu isoliert und sind noch dazu fokussiert auf die nationalen Interessen der Vertragsstaaten. Hier brauchen wir dringend einen ganzheitlichen Ansatz.«[88]

---

[86] »Verlust der Biodiversität im Boden«, umweltbundesamt.de 17.7.2013

[87] Jan Kummer, Katrin Tominski, »Prof. Josef Settele: ›Wir wissen nicht, wo die Kipp-Punkte der Ökosysteme sind‹«, mdr.de 8.12.2022

[88] »Klimawandel und Artensterben gleichzeitig anpacken«, tagesschau.de 29.4.2023

Der spanische Biologe **Joaquim Garrabou** verweist auf die allseitige Wirkung des Massensterbens ganzer Artengruppen wie der benthischen Arten im Jahr 2022,

»das heißt von Arten, die mit dem Meeresboden verbunden sind. Mindestens 50 Arten aus verschiedenen Gruppen waren betroffen – Schwämme, Korallen, Seegräser, Makroalgen, Weichtiere und andere. Kennzeichnend für ein Massensterben ist, dass es verschiedene Artengruppen betrifft ... und das in einem großen geografischen Ausmaß. Vergangenes Jahr waren Tausende von Kilometern Küstenlinie betroffen. ... Viele der betroffenen Arten sind habitatbildende Arten. Mit ihrem Wachstum bieten sie den Lebensraum für viele andere Arten ... Wo es früher dichte Algenwälder gab, haben wir jetzt Unterwasserwüsten.«[89]

Die universelle Wechselwirkung zwischen Klimakatastrophe, Erwärmung, Versauerung, Vermüllung und Vergiftung der Meere und Artensterben wird an der Zerstörung der **Korallenriffe** deutlich.

»Korallenriffe ... gehören zu den biodiversitätsreichsten Ökosystemen der Erde. Ihr Ende hätte das Verschwinden des größten Artenschatzes der Meere zur Folge, wodurch zahlreiche Nahrungsnetze zerreißen würden – der Einfluss auf das Leben von Millionen Menschen wäre enorm. Die Korallenriffe bieten außerdem einen natürlichen Schutz gegen Sturmfluten. ... Oft gehen mit den Ökosystemen und ihrem Artenreichtum auch stabilisierende Faktoren für das Erdklima verloren, was die Klimakrise weiter beschleunigt.«[90]

---

[89] »Hitze im Mittelmeer schädigt marine Ökosysteme«, sciencemediacenter.de 8.8.2023

[90] »Kipppunkte im Klima gefährden auch die Artenvielfalt«, greenpeace.de 22.4.2023

Von zentraler Bedeutung sind die **Schlüsselarten**.[91] So geht das Verschwinden des **Kabeljaus/Dorschs** in der Nordsee nicht nur auf das Überfischen zurück. Die lebensbedrohliche Störung im System seiner Produktion und Reproduktion liegt am Abwandern einer bestimmten Art des Zooplanktons, seiner Ernährungsgrundlage, aufgrund des erwärmten Meerwassers.

Die »*neue dominierende Art des Zooplanktons hat ihr größtes Vorkommen aber im Spätsommer, nicht im Frühling: Zu spät für den Kabeljaunachwuchs. ... Gleichzeitig führen die höheren Temperaturen dazu, dass sich invasive Arten wie Quallen und auch Tintenfische vermehrt ausbreiten.*«[92]

Eine Störung des Ablaufs biologischer Prozesse, die sich über Jahrmillionen herausgebildet haben, hat unabsehbare Folgen.

Die Sackgasse der UNO-Weltnaturkonferenz

Die Ergebnisse der Weltnaturkonferenz in Montreal 2022 haben Politiker und Journalisten als »historisch« hochgelobt. Demnach sollen bis 2030 mindestens 30 Prozent der Erde Schutzzonen sein, 30 Prozent der geschädigten Ökosysteme an Land und im Meer sollen renaturiert und die »Risiken durch Pestizideinsatz« sollen halbiert werden. Die »Industrieländer« sollen den »Entwicklungsländern« dafür jährlich 20 bis 30 Milliarden US-Dollar zukommen lassen. Bis zum Jahr 2030 sollen insgesamt weltweit jährlich 200 Milliarden US-Dollar aufgebracht und in den »Schutz der biologischen Vielfalt« investiert werden.

---

[91] Arten, von denen die Funktion ganzer Ökosysteme abhängt.

[92] Delia Friess, »Warnung vor Kipppunkten bei Artensterben«, tagesschau.de 15.10.2022

Der Haken an den Beschlüssen: Nichts davon ist verbindlich! Die einzige Kontrolle besteht darin, dass »*mithilfe nationaler Berichte ... regelmäßig überprüft* (wird), *ob die Anstrengungen ausreichen*«.[93]

Eine Studie des UN-Umweltprogramms UNEP (United Nations Environment Programme) bezifferte schon im Jahr 2010 die Umweltschäden, die allein die 3 000 größten Unternehmen der Welt verursachen, auf umgerechnet 1,7 Billionen Euro.[94]

Ein Armutszeugnis für die bürgerliche Umweltpolitik!

Das Hauptproblem ist, dass durch das Absterben vieler einzelner Arten **ganze Ökosysteme zusammenbrechen**. Das kennzeichnet den **hauptsächlichen Prozess der Zerstörung der Grundlagen menschlichen Lebens**.

A.6. Der immer rücksichtslosere Raubbau an Naturstoffen

Die Gewinnung von Rohstoffen hatte von Anfang an grundlegende Bedeutung für die Kapitalakkumulation. Der Führer des ersten sozialistischen Staats der Welt, Wladimir Iljitsch Lenin, analysiert diese grundlegende Gesetzmäßigkeit des Kapitalismus für das Zeitalter des Imperialismus:

»*So ist auch das Finanzkapital im allgemeinen bestrebt, möglichst viel Ländereien an sich zu reißen, gleichviel welche, gleichviel wo, gleichviel wie, immer auf mögliche Rohstoffquellen bedacht und von Angst erfüllt, in dem tollen Kampf um die*

---

[93] Bundesministerium für Umwelt, Naturschutz, nukleare Sicherheit und Verbraucherschutz, »Der Beschluss von Montreal zum Schutz der Natur«, bmuv.de 20.12.2022

[94] zeit.de 13.7.2010

letzten Stücke der unverteilten Welt oder bei der Neuverteilung
der bereits verteilten Stücke zu kurz zu kommen.«[95]

Die imperialistische Wirtschaft bläht sich mit Konsum-
steigerung, verkürzter Lebensdauer der Waren und der Kontrolle über annähernd alle Wirtschaftsbereiche immer mehr
auf. Das führt zu einem sprunghaften Anstieg des Verbrauchs
und der Verschwendung von Rohstoffen. Folgen sind eine **globale Rohstoffkrise**, dramatisch wachsende Müllberge, ver-
schärfte kapitalistische Konkurrenz, immer rücksichtslosere
Abbaumethoden und eine Reihe von Kriegen um die Beherrschung der globalen Rohstoffquellen.

Der **Bericht des International Resource Panel der UN**
von 2019 stellte fest, dass sich der globale Ressourcenverbrauch zwischen 1970 mit 27 Milliarden Tonnen im Jahr und
2017 mit 92 Milliarden Tonnen fast vervierfacht hat. Bei der
Politik des »Weiter so« würde er bis 2060 auf 190 Milliarden
Tonnen steigen.[96]

Bereits heute wären fünf Planeten Erde nötig, wenn die
ganze Weltbevölkerung einen Ressourcenverbrauch wie in den
USA hätte, drei wären es gemessen an Deutschland.

Alle festen Bodenschätze wie Erze, Braun- und Steinkohle,
Gold, Zinn oder Kupfer werden im Untertage-Bergbau oder
im Tagebau gewonnen. Der schädlichere **Tagebau** hat einen
Anteil von 53 Prozent an der Gesamtförderung des Bergbaus
und wird tendenziell zulasten des Untertagebaus ausgebaut.
In Indien, Indonesien und Kasachstan nimmt er einen Anteil
von über 90 Prozent, in Russland und Australien über 70 Prozent und in den USA über 60 Prozent ein. Öl- und Gasvor-

---

[95] Lenin, »Der Imperialismus als höchstes Stadium des Kapitalismus«, Werke,
Bd. 22, S. 266

[96] Bruno Oberle u. a., »Global Resources Outlook 2019«, S. 7 und 9

kommen werden immer häufiger in der **Tiefsee** und durch **Fracking** gefördert.

Fortgesetzte Steigerung beim Abbau fossiler Rohstoffe

Zweifellos ist der Verbrauch und insbesondere die Verbrennung fossiler Energieträger die Hauptursache der entstandenen globalen Klimakatastrophe. Weltweit ist der Energieverbrauch von 1992 bis 2021 um 71 Prozent auf 595 Exajoule[97] gestiegen. Dieser Hunger nach Energie wurde im Jahr 2021 zum größten Teil mit Erdöl gedeckt (31 Prozent), gefolgt von Kohle (27 Prozent) und Erdgas (24 Prozent).

Der Gasverbrauch ist dabei von 2000 bis 2021 mit 68 Prozent am stärksten gestiegen, der Verbrauch von Kohle stieg im vergleichbaren Zeitraum um 62 Prozent und der von Öl um 19 Prozent. Der weltweite Energieverbrauch aus erneuerbaren Energien lag dagegen im Jahr 2021 gerade mal bei 40 Exajoule, was nur 7 Prozent des weltweiten Energieverbrauchs entsprach.[98]

Zerstörerische Abbaumethoden

Die kapitalistische Wirtschaft lechzt nach einer Vielzahl von Metallen für die rasch wachsende Produktion. 420 Kilogramm seltene Erden werden allein für den Bau eines US-Kampfjets F-35, der Atombomben transportieren kann, verbraucht. Elektrofahrzeuge brauchen Lithium, Kobalt, Graphit, Mangan, Nickel und Aluminium für die Akkus und dreimal so viel Kupfer wie konventionelle Autos.

---

[97] Das Joule ist die Maßeinheit der Energie. Ein Exajoule (EJ) entspricht 1 Trillion (10^{18}) Joule.

[98] bp Statistical Review of World Energy, 2022

Für das »weiße Gold« Lithium muss vor allem die Bevölkerung im Lithiumdreieck Bolivien, Chile und Argentinien unter Wassermangel, unumkehrbarer Grundwasserabsenkung und Umweltverschmutzung leiden.

Besonders zerstörerisch ist der Abbau von Ölsanden in Kanada, der drei- bis fünfmal so viel klimaschädliche Gase freisetzt wie die konventionelle Ölförderung.[99] Der Abbau steigt seit 2000 sprunghaft an und erreichte 2022 3,1 Millionen Barrel am Tag.[100]

Der geplante Tiefseebergbau in 3 000 bis 6 000 Metern Tiefe zielt mit dem heuchlerischen Hinweis auf die unverzichtbaren Mineralien für die »Energiewende« vor allem auf die begehrten »Manganknollen« ab. Sie enthalten unter anderem Silikate, Mangan, Eisen, Nickel, Molybdän, Kobalt sowie in Spuren Lithium, seltene Erden und Titan. Die ersten Opfer solchen Abbaus sind die Tiefseeriffe aus Kaltwasserkorallen.

Außerdem spekulieren die internationalen Monopole bereits auf das Abschmelzen des Polareises als neues Potenzial für die Ausbeutung der extrem rohstoffreichen Pole und die Eröffnung verkürzter Schifffahrtsrouten.

»Zeitenwende in der Rohstoffpolitik«

Der Bundesverband der Deutschen Industrie (BDI) fordert seit Beginn des Ukrainekriegs 2022 unter dem Schlagwort der **Rohstoffsicherheit** eine **rohstoffpolitische Zeitenwende.** Sein Präsident **Siegfried Russwurm** verlangt:

»Rohstoffe werden genauso wie Energie und genauso wie die Schlüsseltechnologien des 21. Jahrhunderts als geopolitische

---

[99] greenpeace.de 02/2010

[100] spglobal.com 23.5.2023

Waffe eingesetzt. Das ist eine völlig neue Lage, der wir uns als innovativer Industriestandort, der von seiner globalen Wettbewerbsfähigkeit lebt, stellen müssen.«[101]

Unter der Flagge des »Verzichts auf ideologische Positionen« und des »Pragmatismus« fordert er, alle zuvor in Deutschland erkämpften umweltpolitischen Entscheidungen zum Bergbau rückgängig zu machen.

Mit der Kritik am »Beharren auf ideologischen Positionen« tarnt Russwurm ganz »weltoffen« sein Beharren auf der bürgerlichen »ideologischen Position«, die Umweltproblematik gefälligst der Wettbewerbsfähigkeit der in Deutschland ansässigen Monopole unterzuordnen. Unter »Kompromissfähigkeit« versteht der BDI das Befolgen seiner ultimativen Forderungen:

So viel wie möglich Rohstoffförderung im eigenen Land, Abbau aller Gesetze und Regularien, die das einschränken, diversifizierte »Rohstoffpartnerschaften« mit »zuverlässigen Partnern« in anderen Ländern, die in Wirklichkeit oft neokoloniale Ausbeutung bedeuten, erweiterte Beteiligung an Bergbauunternehmen in aller Welt, Bevorratung kritischer mineralischer Rohstoffe, massive staatliche Förderung von Investitionen und subventionierter Industriestrompreis.

Bescheidenheit war noch nie die Zier der Monopolvertreter – Unterwerfung der bürgerlichen Politik unter ihre Interessen dagegen schon! Wenige Monate später plapperte Bundeskanzler **Olaf Scholz** fast wortgleich die Aufträge des Finanzkapitals nach:

»Spätestens mit dem russischen Angriffskrieg auf die Ukraine haben wir gelernt, dass wir alles dafür tun müssen, nicht

---

[101] »Rohstoffkongress: Zeitenwende für eine sichere und nachhaltige Rohstoffpolitik«, bdi.eu 20.10.2022

*von Lieferketten abhängig zu sein, die wir nicht ausreichend
beeinflussen können.*«[102]

Es wären ausreichend Wissen und Technik vorhanden,
Rohstoffe einzusparen, sie, wenn sie benötigt werden, umwelt-
freundlich zu gewinnen, zu recyceln und eine **umfassende
Kreislaufwirtschaft** zu entwickeln. Doch das würde mehr
Kosten verursachen und die angestrebten Maximalprofite
schmälern. Deshalb ist sie für die imperialistische Profitwirtschaft undenkbar.

Für all dies sind **sozialistische Verhältnisse nötig**, die
dem am Maximalprofit orientierten Raubbau an Naturressourcen ein Ende setzen und Produktion und Konsumtion auf
konsequente Kreislaufwirtschaft umstellen.

Verschwendung durch die bürgerliche Lebensweise

Die Individualisierung der Lebensführung in der bürgerlichen Staats- und Familienordnung des Kapitalismus bedeutet
eine gigantische Zeit-, Rohstoff- und Energieverschwendung.
So würden sich durch wohnortnahe Wäschereien und Kantinen und ebenso durch Ausbau des öffentlichen Nahverkehrs
erheblich Rohstoffe, menschliche Arbeit und Energie einspa-
ren lassen.

Während weltweit auf der einen Seite Armut und Hunger
grassieren, wurden allein im Jahr 2019 von Handel, Gastrono-
mie und Verbrauchern 931 Millionen Tonnen Lebensmittel in
den Müll geworfen. Produktion, Verarbeitung und Transport
nicht verzehrter Lebensmittel verursachen acht bis zehn Prozent der weltweiten Treibhausgas-Emissionen.

Den breiten Massen wird von den bürgerlichen Parteien,
Medien, aber auch kleinbürgerlichen Umweltverbänden mit

---

[102] Olaf Scholz, »Neu denken bei der Rohstoffversorgung«,
bundesregierung.de 17.2.2023

Vorliebe eine verschwenderische Lebensweise angelastet. Dabei wird diese in den imperialistischen Ländern gesellschaftlich systematisch gefördert, organisiert und teils regelrecht aufgezwungen.

Es gehört zum **Klassen- und Umweltbewusstsein**, eine **bewusste Lebensweise** in Einheit mit der Natur zu fördern und sich selbst danach zu verhalten, soweit es die gesellschaftlichen Verhältnisse ermöglichen. Völlig berechtigt brandmarkte aber eine im Fachmagazin Energy Research & Social Science veröffentlichte Studie den »exzessiven« Energieverbrauch des privilegierten Lebensstils »der Reichen«.

»Das reichste Hundertstel kommt sogar auf 17 Prozent aller Emissionen und damit deutlich mehr als die ärmste Hälfte der Menschheit zusammen.«[103]

Ein einzelner Milliardär verursacht mit 3,1 Millionen Tonnen so viel CO_2 wie über eine Million der Menschen, die zu den 90 Prozent der Masse der Bevölkerung gehören. Wenn man den sehr verschwommenen Begriff der »Reichen« durch die klassenmäßigen Begriffe Milliardäre, Monopolkapitalisten und Finanzoligarchen ersetzt, so wird deutlich, dass nur die Ablösung der kapitalistischen Profitwirtschaft durch den Sozialismus **die Umwelt retten** kann.

A.7. Neue Qualität der Vermüllung, Vergiftung und Verschmutzung der Biosphäre

Die weltweite Produktion neuartiger chemischer Verbindungen ist seit 1950 um das 50-Fache gestiegen und wird sich voraussichtlich bis 2050 noch einmal verdreifachen. Schät-

---

[103] »Klimasoziale Ungleichheit: Wie Reiche ihr Nichtstun rechtfertigen«, sonnenseite.com 17.5.2023

zungsweise 350 000 industriell hergestellte Chemikalien und Chemikaliengemische sind heute im Einsatz. Zweifellos haben manche Forschungsergebnisse große Fortschritte in der Produktion und für das Alltagsleben der Massen erbracht. Doch bereits Anfang 2022 charakterisierten Stockholmer Umweltforscher die Gesamtentwicklung als »Überschreiten einer planetaren Grenze«.

»Werden diese Grenzen überschritten, so kann das Ökosystem der Erde aus dem Gleichgewicht geraten. In letzter Konsequenz bedeutet das, dass die Lebensgrundlage der Menschheit auf dem Spiel steht.«[104]

Die Auswirkungen der **chemischen Vergiftung** auf die gesamte Biosphäre sind bisher nicht allseitig untersucht. Eine Krefelder Studie von 2017 ließ die Dimension erahnen, als sie bewies, dass in den von ihr untersuchten Gebieten seit 1990 75 Prozent der Insektenbiomasse verschwunden ist.[105]

Allein die Liste der POPs[106] ist in 11 Jahren von 12 auf 30 angewachsen. Zu den Pestiziden (Herbizide, Fungizide und Insektizide), die als »Pflanzenschutzmittel« verharmlost werden, gehören auch Glyphosat und die Neonicotinoide. Diese werden mit dem Saatkorn ausgebracht und machen nicht nur die ganze Pflanze zum Insektenkiller, sondern auch zum Nervengift für Mensch und Tier.

Dramatische Ereignisse erregten weltweites Aufsehen. So setzte 1976 das Unglück in einer Chemiefabrik in Seveso/Ita-

---

[104] »Was sind die planetaren Grenzen: planetary boundaries?«, goingreen.ran.de 21.9.2021

[105] Joachim Budde, »Was hat sich beim Insektensterben getan?«, in: Spektrum der Wissenschaft kompakt, 21/2023

[106] Persistent Organic Pollutants: langlebige, giftige organische Chemikalien, die sich in der gesamten globalen Biosphäre finden und sich in der Nahrungskette, Menschen und Tieren anreichern.

lien massenhaft Dioxin frei, was zu Vergiftungen und Evakuierungen führte. 1984 gab es in Bhopal/Indien eine Explosion in einer Pestizidfabrik, die unmittelbar 7 000 bis 10 000 Tote zur Folge hatte.

Solchen alarmierenden Entwicklungen folgt gewöhnlich eine **Flut von UN-Konferenzen**. Hochtrabend kommt die Konferenz für einen »Strategischen Ansatz zum Internationalen Chemikalienmanagement«[107] daher. Sie ist – wie üblich – »*völkerrechtlich nicht verbindlich*«[108] und hat folglich keinerlei praktische Konsequenzen zum Schutz von Mensch und Natur.

Gigantische Müllberge

Bereits im Jahr 2018 rechnete die Weltbank in der Studie »What a Waste 2.0« mit 3,4 Milliarden Tonnen Müll (Siedlungsabfälle) in jedem Jahr bis 2050. 2016 waren es zwei Milliarden Tonnen gewesen. Dass es sich überwiegend nicht um »Abfall«, sondern um frevelhaftes Vergeuden höchst wertvoller Rohstoffe handelt, zeigt die Statistik:

»Auf internationaler Ebene ist die größte Abfallkategorie der Lebensmittel- und Grünabfall, der 44 Prozent des weltweiten Abfalls ausmacht ... Trockene Wertstoffe (Plastik, Papier und Pappe, Metall und Glas) machen weitere 38 Prozent des Abfalls aus.«[109]

Manipulative Werbung, Überproduktion und bewusste Begrenzung der Haltbarkeit fördern mutwillig den gewaltigen Anstieg von Müll. Der Global E-waste Monitor berichtet, dass der jährlich weltweit erzeugte Elektroschrott von 2014

---

[107] »Strategic Approach to International Chemicals Management«, saicm.org 26.7.2023

[108] »Internationales Chemikalienmanagement«, bmuv.de 24.2.2023

[109] Silpa Kaza u. a., »What a Waste 2.0«, S. 17 und 29, openknowledge.worldbank.org – eigene Übersetzung

bis 2019 um 21 Prozent auf 53,6 Millionen Tonnen gestiegen ist. Obwohl mit dem Kryorecycling nach Professor Rosin eine umweltschonende, preisgünstige und höchst wirksame Recyclingmethode bekannt ist, beträgt die Recyclingquote bei Elektroschrott nur 17,4 Prozent.[110] Das ist reine Verschwendung wertvoller Rohstoffe aus Profitgründen!

Stattdessen haben **Müllverbrennungsanlagen** Hochkonjunktur. Die Anzahl der Müllverbrennungsanlagen stieg weltweit zwischen 2012 und 2023 um 20,9 Prozent, ihre Gesamtkapazität sogar um 84 Prozent.

Im Gebäudeenergiegesetz ab 2024 (»Heizungsgesetz«) der Bundesregierung wird die aus der Müllverbrennung gewonnene Fernwärme auch noch als »erneuerbare Energie« deklariert – was für ein Etikettenschwindel! Die Müllverbrennungsanlagen bewirken chaotische und hochtoxische chemische Reaktionen, verbrennen wertvolle Rohstoffe und vergiften permanent Luft und Wasser und damit auch Mensch und Tier.

Bürgerliche Verkehrspolitik als »Brandbeschleuniger« der Umweltkatastrophe

Der Individualverkehr auf der Basis fossiler Energien ist einer der Hauptverursacher nicht nur der Klimakatastrophe, sondern auch der Vergiftung der Biosphäre und der Ressourcenverschwendung.

*»Die **Statistiken** zeigen, dass immer mehr Autos auf der Welt fahren, der Flugverkehr und der weltweite Warenhandel explodieren. **Drei Viertel der verkehrsbedingten Emissionen** werden von **Lkw, Bussen und Autos** verursacht. ... So verursachte der Straßenverkehr laut IEA im Jahr 2016*

---

[110] Vanessa Forti u. a., »The Global E-waste Monitor 2020«, ewastemonitor.info 10.7.2023;
Ralf Krauter, »Kälterecycling von Kunststoffen«, deutschlandfunk.de 30.6.2009

5,85 Gigatonnen CO₂. Das entspricht einem Anstieg von 77 Prozent seit 1990.«[111]

Der individualisierte Verkehr steckt in einer Sackgasse. Interessante Versuche, umweltverträgliche Verkehrssysteme zu entwickeln, verfolgen die politisch Verantwortlichen nicht. Stattdessen wird im Sinn der Öl- und Automobilkonzerne unter der Flagge des Umweltschutzes auf Autos mit Elektro- oder Wasserstoffmotor oder gar Verbrenner mit E-Fuels gesetzt, was nichts am Individualverkehr ändert. Zur negativen Bilanz des Individualverkehrs zählen außerdem: 2,4 Millionen Unfälle mit 2 788 Toten allein in Deutschland im Jahr 2022; Stress und Lärm ruinieren die Gesundheit der Autofahrer: Durchschnittlich 40 Stunden vergeudete jeder Autofahrer 2022 in insgesamt 733 000 Kilometer langen Staus; Zerstörung von Straßen und Brücken vor allem durch Lkw-Verkehr, weitere Emissionen und Zerstörung der Natur für deren Neu- oder Wiederaufbau.

Ein Wechsel vom Verbrenner- zum Elektromotor reduziert unbestritten den Materialbedarf und würde auch weniger fossile Brennstoffe verbrauchen. Er ist aber noch keine ausgereifte Alternative, weil die Batterie- und Speichertechnologie einseitig auf Lithium beruht, das mit zerstörerischen Verfahren gewonnen wird. Außerdem fehlt ein ökologisch verträgliches, massentaugliches und individuell nutzbares Verkehrssystem.

Dass im sozialistischen China unter Führung Mao Zedongs bewusst anders entschieden wurde, zeigt, dass das keine notwendige Entwicklung war:

»China setzt auf die öffentlichen Verkehrsmittel und auf das Fahrrad. Es könnte genauso viele Autos herstellen wie westliche Länder, aber man hat die Probleme erkannt, die die Autos

---

[111] Bernard Miletic, »Verkehr und CO₂: Wie hoch ist der Anteil der Emissionen?«, futura-sciences.com 11.4.2022

diesen Ländern gebracht haben. Deswegen verfolgt China die Politik, nie eine Autokultur entstehen zu lassen.«[112]

Vermüllung, Vergiftung und Verschmutzung der Biosphäre sind nach heutigem Ermessen nur noch schwer rückgängig zu machen. Im Unterschied zu anderen Merkmalen der Umweltkrise ist das Thema nach wie vor kaum in der Öffentlichkeit gegenwärtig. Dabei zählt sie zu den hauptsächlichen Faktoren, die die Existenz der Menschheit und das Leben auf der Erde untergraben.

A.8. Unverantwortliche Renaissance der Atomenergie

Die Abschaltung der letzten drei Atomkraftwerke in Deutschland im April 2023 war ein bedeutender Erfolg der kämpferischen Umweltbewegung. Doch die Entwarnung des Deutschlandfunks war keineswegs angebracht:

»Die Ära der Kernenergie endet – und damit auch die Zeit der großen Proteste.«[113]

Weltweit sind derzeit 431 Atomkraftwerke betriebsfähig und 108 neue geplant. Vor allem mit der international verbreiteten Propagandalüge über die angeblich CO_2-freie Atomenergie wird eine regelrechte **Renaissance der Atomkraft** betrieben. Gegenwärtig plant China 47 neue Atomreaktoren, Russland 25, Indien 12, Polen 6, die USA 3, Ägypten, Ungarn, Rumänien und Großbritannien jeweils 2 und Iran, Finnland, Japan, Bulgarien, die Tschechische Republik, Pakistan und Argentinien jeweils 1.

---

[112] Felix Greene, »Alltag in China – Vertrauen auf die eigene Kraft«, Film über das sozialistische China während der Kulturrevolution, 1966/67

[113] »Eine Chronik der Anti-Atomkraft-Bewegung«, deutschlandfunk.de 14.4.2023

Ausgerechnet die Energieform, die der Menschheit die Katastrophen von Hiroshima und Nagasaki 1945, Harrisburg 1979, Tschernobyl 1986 und Fukushima 2011 beschert hat, jubeln Unternehmer und Politiker ignorant und dreist als Beitrag zur »Energiewende« hoch.

Nicht weniger betrügerisch loben sie die »Sicherheit« der Atomenergie. Dabei ist die Wechselwirkung von Atomkraftwerken zu zunehmenden regionalen Umweltkatastrophen und Kriegen verheerend. So musste im Sommer 2022 der Staatskonzern Electricité de France mehr als die Hälfte der französischen Atomreaktoren abschalten, vor allem aus Sicherheitsgründen. Einige konnten wegen des Niedrigwassers der Flüsse nicht mehr ausreichend gekühlt werden.

Auch ohne Unfall setzen Atomkraftwerke im laufenden Betrieb permanent Radioaktivität in die Umgebung frei. Zusätzlich reichert ober- oder unterirdisch gelagerter Atommüll die gesamte Biosphäre unaufhörlich und auf lange Zeit mit radioaktiver Materie und Strahlung an. Eine sicherere Lagerung ist kaum denkbar und auch konkret noch nirgends auf der Welt gelöst. Auch im Bergbau wird Radioaktivität freigesetzt. Von radioaktiver Strahlung geht permanent eine Schädigung aller Lebewesen aus. Eine neue Ausdehnung der Atomindustrie kann und muss dringend gestoppt werden.

A.9. Regionale Umweltkatastrophen in neuer Quantität und Qualität

Die dramatische Zunahme regionaler Umweltkatastrophen gibt einen **Vorgeschmack** auf die ganze Dimension **einer entfalteten Umweltkatastrophe**.

Weltweit kamen durch wetter- oder klimabedingte Naturkatastrophen in jedem Jahr von 2010 bis 2019 allein nach offiziellen Statistiken durchschnittlich mehr als 40 000 Men-

schen ums Leben.[114] Die von der Rückversicherung Munich Re
ermittelten Gesamtschäden durch Naturkatastrophen stiegen
im Jahresmittel von 120 Milliarden US-Dollar (1980 bis 2009)
auf 235 Milliarden US-Dollar in den Jahren 2010 bis 2022.

Tabelle 4: Entwicklung der Naturkatastrophen 1980 bis 2022 im Jahresdurchschnitt pro Dekade*

	Anzahl der Ereignisse				Schäden in Milliarden US-Dollar	
Zeitraum	Gesamt	Index 1980–1989 = 100	Wetter- oder klimabedingt	Index 1980–1989 = 100	Gesamt	Index 1980–1989 = 100
1980–1989	290	100	260	100	65	100
1990–1999	440	150	400	153	143	221
2000–2009	480	165	440	171	154	238
2010–2019	690	236	640	247	223	344
2020–2022	990 (nur 2020)	337	940 (nur 2020)	364	280	431

* Munich Re, 2016, 2021, 2023; eigene Berechnungen; Zahlen gerundet und inflationsbereinigt

Die regionalen Umweltkatastrophen haben zunehmend die
Tendenz, **irreparable Schäden** zu hinterlassen. Sie kosten
heute Hunderte und Tausende Todesopfer – morgen und über-
morgen werden es Hunderttausende, Millionen oder gar Milliarden sein. Die folgenden Beispiele erheben keinen Anspruch
auf Vollständigkeit, sie stellen nur Schlaglichter dar auf den
explosionsartigen Anstieg derartiger Katastrophen.

Häufigkeit und Dauer **sintflutartiger Regen** nahmen seit
einigen Jahren auf der ganzen Erde zu und verursachten
schwerste Flutkatastrophen.

Mitte Juli 2021 führten 15 Stunden anhaltende starke
Regenfälle mit bis zu 150 Litern je Quadratmeter im **Ahrtal**

---

[114] »World Disasters Report 2020«, ifrc.org; eigene Berechnungen

zu einer in Deutschland bisher einmaligen Überschwemmung, bei der innerhalb weniger Stunden mindestens 180 Menschen ertranken. Versiegelte Böden, rückgebaute natürliche Überschwemmungsgebiete, zu niedrige Brücken, begradigte und zu enge Flussbetten trugen zu der Katastrophe bei.

2022 gab es in **Pakistan** nach Starkregen von Juni bis Oktober die schwerste Flutkatastrophe seit Beginn der Wetteraufzeichnungen. Sie wurde verstärkt durch das Abschmelzen der Gletscher nach einer Hitzeperiode, durch ausgedörrte Böden und abgeholzte Bergwälder. Ein Drittel des Landes wurde überflutet. 33 Millionen Menschen sind betroffen, mindestens 1 700 starben, rund 13 000 wurden verletzt, fast 8 Millionen verloren all ihr Hab und Gut und wurden heimatlos.

Bei der Flutkatastrophe in **Libyen** im **September 2023** ertranken bis zu 20 000 Menschen. Die großen Zerstörungen gingen vor allem auf den Bruch eines Staudamms zurück, der für solche Extremwetterlagen nicht gebaut war.

2020 gab es im Nordatlantik etwa 30 Stürme und 13 Hurrikans, von denen zwölf zumeist in bisher nicht erlebter Heftigkeit die US-Küste trafen. Der Gesamtschaden der nordamerikanischen Hurrikan-Saison betrug 43 Milliarden US-Dollar.

2023 erlebte Kanada die schlimmsten Waldbrände in seiner Geschichte.

Durch das Auftauen der Permafrostgebiete kommt es zu **vermehrten heftigen Felsstürzen und drohenden Ausbrüchen von Gletscherseen.** Erstmals brach **2023** in Europa im österreichischen Silvretta-Gebirge durch tauenden Permafrost ein ganzer Berggipfel mitsamt Gipfelkreuz in sich zusammen.

In den zehn Ländern, die am stärksten von Extremwetterereignissen betroffen waren, litten 2022 48 Millionen Menschen an akutem Hunger, doppelt so viele wie 2016.

B. Neue Hauptfaktoren der globalen Umweltkatastrophe

B.10. Irreversible Störungen der Meeresströmungen und Jetwinde

Die Meeresströmungen haben für die Biosphäre eine unverzichtbare Funktion. Sie transportieren Wärme oder Kälte, Sauerstoff, Biomasse und Nährstoffe rund um den Globus.

Die **thermohaline Zirkulation**[115] wird umgangssprachlich als »**globales Förderband**« bezeichnet, das die Ozeane miteinander verbindet. Es umfasst ein **ganzes System von Meeresströmungen**. Diese entstehen durch Unterschiede in Temperatur und Salzgehalt des Wassers in verschiedenen Regionen der Ozeane.

Die weltumspannenden Meeresströmungen sind an der Wasseroberfläche mit sieben weiteren Ozeanzirkulationen verbunden.

Die mächtigste Meeresströmung auf der Erde ist der **antarktische Zirkumpolarstrom (Antarctic Circumpolar Current, ACC)**. Er verbindet direkt die Wassermassen des Atlantischen, Indischen und Pazifischen Ozeans. Jede Sekunde fließen 150 Millionen Kubikmeter Wasser um den antarktischen Kontinent herum. Insbesondere im Weddellmeer[116] sinkt ein Teil des salzhaltigen, sauerstoffreichen Wassers des antarktischen Zirkumpolarstroms in die Tiefe.[117] Der ACC

---

[115] thermo – angetrieben durch Temperaturunterschiede; halin – angetrieben durch Salzgehaltsunterschiede

[116] Das Weddellmeer ist das größte der rund 14 Randmeere des Südlichen Ozeans am antarktischen Kontinent.

[117] Salzhaltiges Wasser ist dichter und damit schwerer als Süßwasser. Es gefriert erst bei durchschnittlich –1,9 Grad Celsius.

Schaubild 2:
Die weltweiten ozeanischen Strömungen der thermohalinen Zirkulation

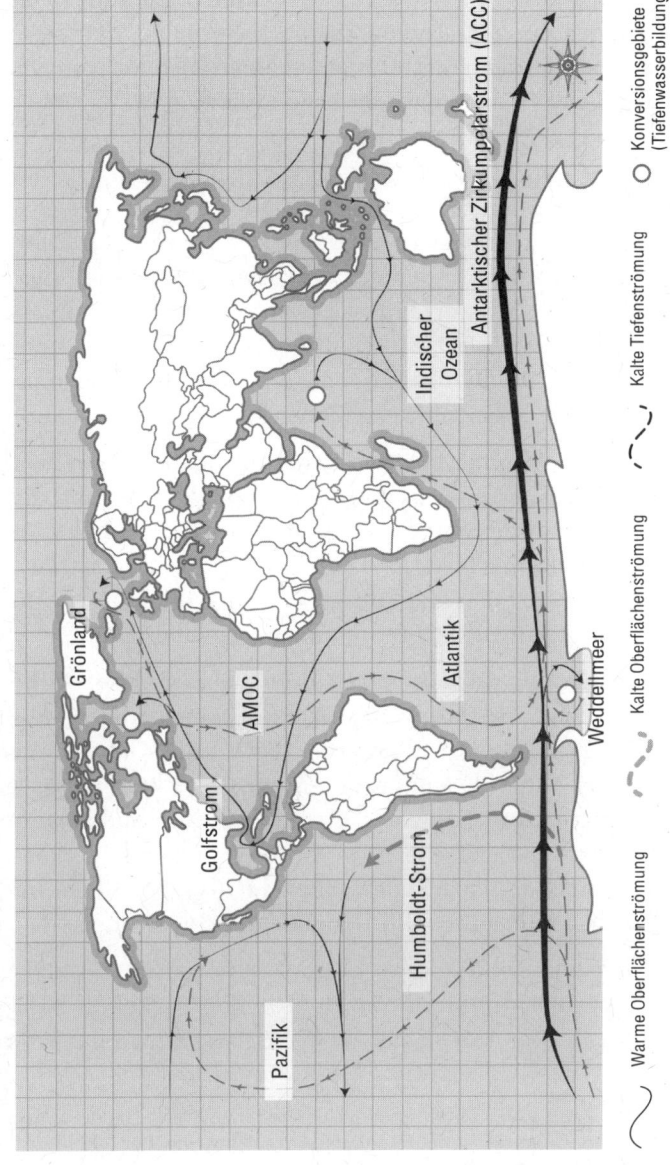

Konversionsgebiete (Tiefenwasserbildung)

Kalte Tiefenströmung

Kalte Oberflächenströmung

Warme Oberflächenströmung

Antarktischer Zirkumpolarstrom (ACC)

Indischer Ozean

Atlantik

Weddellmeer

Grönland

AMOC

Golfstrom

Humboldt-Strom

Pazifik

tauscht sich mit warmen subpolaren Strömungen aus den
Ozeanen aus. Das erzeugt die nach Norden gerichteten kalten
sauerstoff- und nährstoffreichen Meeresströme, von denen der
Humboldt-Strom einer der bedeutendsten ist.

Destabilisierung des »Förderbands der Welt«

Die Weltmeere absorbieren über 90 Prozent der Energie der
Erderwärmung. Deren sprunghafter Anstieg ließ die durchschnittliche Wassertemperatur an der Meeresoberfläche drastisch ansteigen. Wissenschaftler nehmen an, dass sich gleichzeitig die Ozeanzirkulationen um etwa 800 Meter pro Jahr
in Richtung der Pole verschieben.[118]

Das lässt immer mehr Eis am Rand der Antarktis schmelzen
oder von Gletschern abbrechen. Die Verringerung des Salz-
gehalts verlangsamt die Umlaufgeschwindigkeit des antarktischen Zirkumpolarstroms und schwächt seine Austauschfunk-
tion von warmem und kaltem Wasser – mit globaler Rückwir-
kung auf sämtliche anderen Meeresströmungen.

Im **Nordatlantik** lässt die thermohaline Atlantische
Umwälzung (Atlantic Meridional Overturning Circulation,
AMOC) salzhaltige Wassermassen in die Tiefe stürzen und
sorgt so für den Austausch warmer und kalter Wassermassen im Atlantik. Warmes Wasser aus dem Süden gelangt an
der Meeresoberfläche nach Norden und kaltes Wasser am
Meeresboden nach Süden. Zur AMOC gehört der Golfstrom,
der wesentlich das milde Klima des europäischen Kontinents
bewirkt.

Stefan Rahmstorf und Kollegen entwickelten 2015 einen
Index für die AMOC, den sie zurück bis zum Jahr 900 rekon-

---

[118] Hu Yang u.a., »Poleward Shift of the Major Ocean Gyres Detected in a
Warming Climate«, agupubs.onlinelibrary.wiley.com 24.2.2020

struieren konnten.[119] Dieser Index zeigt, dass die atlantische Umwälzung in diesen 1100 Jahren nie so schwach war wie am Ende des 20. Jahrhunderts.

Wesentliche Ursachen für die Abschwächung der AMOC sind das **beschleunigte Abschmelzen des Eisschilds auf Grönland** und des arktischen Meereises sowie die verstärkten Niederschläge über dem Atlantik und angrenzenden Landflächen im Zug der Erderwärmung. Dadurch gelangen große Mengen Süßwasser in die Atlantische Umwälzung, das Wasser wird leichter und sinkt nicht mehr wie bisher in die Tiefe.

Im Juli 2023 prognostizieren **Peter und Susanne Ditlevsen** in einer Arbeit an der Universität Kopenhagen den Zusammenbruch der AMOC für die Mitte dieses Jahrhunderts, wenn die Emissionen von Treibhausgasen unvermindert anhalten.[120]

Für den Fall des Zusammenbruchs warnt das Forscherteam Ditlevsen vor der Möglichkeit eines zusätzlichen starken Anstiegs des Meeresspiegels an den Küsten, vor gewaltigen Wetterextremen und dem Kollaps von Ökosystemen im Meer.

Anknüpfend an diese Veröffentlichung schrieb der Klimaforscher Stefan Rahmstorf, der zuvor die verharmlosende Einschätzung des IPCC geteilt hatte, im Juli 2023 selbstkritisch:

»Jahrzehnte wurde das Risiko von der Wissenschaft – auch von mir – in die Kategorie ›geringe Eintrittswahrscheinlichkeit, aber verheerende Folgen‹ einsortiert. ... Zusammengenommen zeigen die neueren Studien, dass der Kipppunkt wahrscheinlich deutlich näher ist als bislang gedacht ... Wir

---

[119] Stefan Rahmstorf u. a., »Exceptional twentieth-century slowdown in Atlantic Ocean overturning circulation«, nature.com Mai 2015

[120] Peter und Susanne Ditlevsen, »Warning of a forthcoming collapse of the Atlantic meridional overturning circulation«, nature.com 2023

*Klimaforscher dürfen zu derartigen Großrisiken nicht schwei-
gen oder sie herunterspielen, und die Politik sollte sie nicht
ignorieren.*«[121]

Veränderungen des Systems der Jetwinde (Höhenwinde)

Wind entsteht durch Ausgleich von Luftdruckunterschie-
den in der Atmosphäre, die wiederum auf **Temperaturunterschiede** zurückgehen. Die Temperatur in der Arktis hat
sich seit 1979 viermal schneller erwärmt als im globalen
Durchschnitt. Auf der antarktischen Halbinsel stieg die mittlere Jahrestemperatur in den letzten 50 Jahren um 2,6 Grad
Celsius, im globalen Durchschnitt im selben Zeitraum um ein
Grad.

Im März 2022 kam es zu einem riesigen Temperatursprung
in der Antarktis: 15 Grad Celsius über der bisher höchsten
Temperatur. Solche Temperatursprünge führen tendenziell
zu einer Destabilisierung der Wind- und Meeresströmungen.
Infolge der raschen Erwärmung der Arktis hat sich der Temperaturunterschied auf der Erdoberfläche zwischen Äquator
und Nordpolargebiet reduziert, was den polaren Jetwind
schwächte. Gleichzeitig steigt dadurch, insbesondere durch
die starke Erwärmung oberhalb des Äquators, mehr Wasserdampf bis in die höheren Schichten der Troposphäre auf und
setzt dort Wärme frei, was den Temperaturunterschied zwischen Äquator und Arktis in der Höhe wiederum verstärkt.

Die Jetwindbänder beginnen zu mäandern, das heißt, sie
bewegen sich uneinheitlich, wellenförmig und gegenläufig. Sie
bilden Dellen und verringern so ihre Zirkulargeschwindigkeit.
Diese in sich widersprüchliche Entwicklung führt häufiger zu

---

[121] Stefan Rahmstorf, »Steht der Nordatlantik vor dem Kipppunkt?«,
spiegel.de 25. Juli 2023

lang anhaltenden Wetterlagen. Das können sowohl Hitzeperioden und Dürren als auch extreme Niederschläge oder Stürme sein.

So »wanderte« der **Zyklon** »**Freddy**« zwischen dem 6. Februar und 14. März 2023 zunächst über den Indischen Ozean und dann an der Ostseite Afrikas vier Wochen lang zwischen dem offenen Meer und den Küsten **Madagaskars, Mosambiks und Malawis** hin und her. Bei der Überquerung des Meers nahm er immer wieder von Neuem Wasserdampf auf, sodass dann auf dem Festland Starkregen niedergingen. Mehr als 1 000 Menschen starben in Überschwemmungen.

Der sich immer weiter verstärkende Verlust des Meereises im arktischen Sommer führt zu aufsteigenden Luftströmungen, die die obere Troposphäre destabilisieren. Das verstärkt die **Passatwinde** im mittleren Pazifischen Ozean außergewöhnlich.

Zunehmende Dürren lassen Ernten verdorren und Wälder brennen. Seit dem Jahr 2000 bis Anfang 2022 sind weltweit Zahl und Dauer von Dürren um 29 Prozent gestiegen.[122]

Die wachsende Instabilität der Passatwinde führt dann immer häufiger zu extremen El-Niño-Phasen.[123] So wird die **Wechselwirkung** zwischen schmelzendem arktischem Meereis, zunehmenden Passatwinden und El-Niño-Phasen zu einem Kulminationspunkt der Klimaveränderungen.

Die stärksten El-Niño-Phasen traten seit 1950 mit zunehmender Intensität 1982/83, 1997/98 und 2015/16 auf.[124] Sie führten jeweils zu verheerenden Dürren unter anderem in

---

[122] aerzteblatt.de 11.5.2022

[123] In den El-Niño-Phasen schwächt sich der kalte Humboldtstrom vor den Küsten Perus bis zum Erliegen ab. Das Oberflächenwasser erwärmt sich so sehr, dass es nicht mehr mit nährstoffreichem Tiefenwasser durchmischt wird – das Plankton und damit auch der Fischreichtum sterben ab.

[124] dwd.de 13.6.2016

Kalifornien und besonders in Südostafrika. 2023 hat erneut eine El-Niño-Phase begonnen – mit befürchteten »katastrophalen Folgen«.

Die Destabilisierung des Systems der Meeresströmungen und der Jetwinde ist direkte Folge der Klimakatastrophe und bildet einen **neuen Hauptfaktor der globalen Umweltkatastrophe** mit existenziellen Folgen für das Überleben der Menschheit.

B.11. Extremhitze und -kälte als unmittelbare Bedrohung des menschlichen Lebens

Extreme **Hitzewellen** werden laut eines Berichts der UN und des Roten Kreuzes von 2022 bereits in wenigen Jahrzehnten ganze Regionen der Erde wie die Sahelzone, das Horn von Afrika sowie Süd- und Südwestasien unbewohnbar machen.[125]

Mehr als 60 000 Hitzetote waren 2022 allein in Europa zu beklagen. Die weltweit umfassendste Studie zur klimabedingten Sterberate gibt die Zahl der Toten durch Extremtemperaturen bereits für die Jahre 2000 bis 2019 mit jährlich fünf Millionen Menschen an.[126]

Kälteeinbrüche durch »Ausdellen« der Polarwinde der Nordhalbkugel führten im Winter 2022/23 in Ostasien und Nordamerika zum massiven Vordringen von Polarluft mit teilweise minus 50 Grad Celsius.

Die Messungen von **Extremtemperaturen** ergaben einen bisherigen historischen Tiefstwert von minus 89,2 Grad Cel-

---

[125] Greg Puley, »Extreme heat – preparing for the heatwaves of the future«, Oktober 2022

[126] Qi Zhao u. a., »Global, regional, and national burden of mortality associated with non-optimal ambient temperatures from 2000 to 2019: a three-stage modelling study«, thelancet.com Juli 2021

sius am 21. Juli 1983 in Vostok/Antarktis und einen historischen Höchstwert von plus 56,7 Grad Celsius im kalifornischen Death Valley am 10. Juli 1913.[127] Dies waren noch vereinzelte Spitzenwerte. Doch im Juni/Juli 2023 traten **neuartige Wetterphänomene** hervor:

Erstens zog sich ein **Hitzeband rund um den Globus.** *»Hitzewellen in Spanien, Italien, Griechenland und im Süden der USA, Überschwemmungen in Indien. ... In der Antarktis, wo derzeit Winter ist, fehlt ein Fünftel der um diese Jahreszeit sonst üblichen Eisfläche. ... Besonders ungewöhnlich waren die Temperaturen im Juni im nördlichen Atlantik. ... Weltweit scheint die Klimakrise plötzlich zu eskalieren«.*[128]

Zweitens überschritten an zwei Tagen, am 3. und 4. Juli 2023, die Temperaturen die bisher gemessenen Höchststände der weltweiten Durchschnittstemperatur.[129] Unabhängig voneinander wurden an unterschiedlichsten Orten **Rekordtemperaturen** verzeichnet: In dem katalanischen Ort Figueres herrschten 45 Grad, im kalifornischen Death Valley 51 Grad, in der Gemeinde Sanbao in China 52,2 Grad Celsius.

Drittens hielten diese Hitzerekorde **meist über mehrere Wochen** an. Die 21 weltweit heißesten Tage seit Beginn der Wetteraufzeichnungen ließen sich alle im Juli 2023 messen. **Hochdruck- oder Hitzekuppeln** wölbten sich über den Gebieten, weil sich die Wetterlage infolge der Abschwächung der Jetwinde oft wochenlang nicht veränderte.

Viertens weisen Wissenschaftler als mögliche Ursache auf den beginnenden El-Niño-Effekt hin. Doch dies ist allenfalls die halbe Wahrheit. Tatsächlich entfaltet sich die **Klimakata-**

---

[127] spektrum.de 25.6.2019

[128] sueddeutsche.de 14.7.2023

[129] sueddeutsche.de 5.7.2023

strophe mit voller Wucht. Die in kürzeren Abständen auftauchende und extreme Ausprägung des El-Niño-Effekts ist nicht die Ursache, sondern ein Ausdruck davon.

Die Extremhitze gefährdet vor allem Kleinkinder, Schwangere, Patienten mit chronischen Krankheiten, Obdachlose und Bewohner von Slums oder Flüchtlingscamps ohne Hitzeschutz sowie Arbeiter in überhitzten Fabrikhallen oder unter freiem Himmel wie auf dem Bau oder in der Landwirtschaft. Das gilt umso mehr für tropische und einen Teil der subtropischen Gebiete, in denen die Luftfeuchtigkeit besonders hoch ist. Bei Hitze in Kombination mit hoher Luftfeuchtigkeit ist der menschliche Körper nicht mehr in der Lage, sich durch Schwitzen abzukühlen.

Hitzewellen führen auch zum Anstieg von Ozon, Feinstaub, Schwefeldioxid, Kohlenstoffmonoxid und Stickoxiden in der Luft, die sich negativ auf die Atmung der Menschen besonders in Großstädten auswirken.

Lewis Halsey, Professor für Umweltphysiologie in London, stellte in einer Studie Temperaturen von 40 bis 50 Grad als Limit für ruhende Menschen fest. Der Notfallmediziner Christopher Lemon/USA stellte über die Wirkungen der Extremtemperaturen fest:

»Es gibt eine Kaskade physiologischer Veränderungen. Irgendwann lässt sich das nicht mehr kompensieren, der Körper versagt.«[130]

---

[130] »Ab 40 Grad wird es für den Körper brenzlig«, Frankfurter Rundschau, 18.7.2023

B.12. Die ungezügelte Ausbreitung von Waldbränden

Die Beherrschung des Feuers war einer der ausschlaggebenden Fortschritte in der Entwicklung menschlichen Lebens.

In den borealen[131] Wäldern Skandinaviens, Sibiriens, Kanadas und Alaskas traten immer schon Waldbrände auf mit **natürlichen und nützlichen Funktionen.**

»Weltweit sind 46 % der Ökoregionen von Feuer abhängig oder beeinflusst. In diesen Regionen sind Waldbrände für die Erhaltung der natürlichen Flora und Fauna so notwendig wie Sonnenschein und Regen.«[132]

Doch inzwischen überwiegt die **zerstörerische Kraft des Feuers** bei Waldbränden. Das Gleichgewicht ist aus den Fugen geraten. Die Brände treiben die Vernichtung der Wälder in gigantischem Ausmaß voran. In den letzten Jahrzehnten hat der Anteil von Bränden an der Vernichtung der Wälder von 23 Prozent (2001 bis 2010) auf 29,2 Prozent (2011 bis 2020) zugenommen.[133] **Russland**, als das Land mit der größten Waldfläche, hat von 2001 bis 2022 56 Millionen Hektar Wald durch Brände verloren. Seit 2011 toben im US-Bundesstaat **Kalifornien** fast jährlich um 500 Prozent stärkere Waldbrände als zuvor. In den **Mittelmeerländern** brennt es inzwischen mindestens 50 000-mal im Jahr. In **Australien** wüteten von September 2019 bis März 2020 verheerende Buschfeuer, die bis zu 19 Millionen Hektar Land verbrannten. Dabei starben fast drei Milliarden Wirbeltiere, Arten wie der Koalabär wurden weitgehend ausgerottet.[134]

---

[131] Boreal heißen die Wälder der nördlichsten Waldzone.

[132] Peter Hirschberger, »Wälder in Flammen – Ursachen und Folgen der weltweiten Waldbrände«, wwf.de 2011, S. 9

[133] globalforestwatch.org 8.6.2023

[134] wwf.de 29.6.2020

Ein bisheriger Höhepunkt sind die Waldbrände bislang unbekannten Ausmaßes, die seit Anfang 2023 in **Kanada** lodern. Von März bis Juni verbrannten rund 10 Millionen Hektar Wald, ohne dass ein Ende absehbar wäre. Die hochtoxischen Rauchgase waberten über die Landesgrenzen hinweg. In der US-Metropole New York konnten die Menschen zeitweise nur noch mit Atemschutzmasken ins Freie. Winde trugen eine vier bis sechs Millionen Quadratkilometer umfassende Wolke aus Feinstaub und Gift über den Atlantik bis nach Europa.[135]

Im August 2023 tobte auf der zu Hawaii gehörenden Insel Maui eine **neuartige Feuersbrunst**. Aus einem kleinen Waldbrand entstand eine mörderische **Feuerwalze**. Sie holte die Menschen, die mit hohem Tempo in ihren Autos flohen, ein und überholte sie sogar. Viele verbrannten bei lebendigem Leib, sofern sie sich nicht gerade noch ins Meer retten konnten. Mindestens 97 Tote waren zu beklagen. 31 Menschen galten nach einem Monat noch als vermisst.

Verantwortlich für die Toten, das unermessliche Leid der Überlebenden und den großen Schaden war eine bis dahin außergewöhnliche Kombination von fünf Faktoren, als Wechselwirkung von Klimakatastrophe und skrupellos profitorientierter Politik.

Erstens herrschten außergewöhnlich starke Passatwinde, die der südwestlich der Inseln vorbeiziehende Hurrikan Dora verstärkte.

Zweitens wurde eine extrem niedrige Luftfeuchtigkeit gemessen – entgegen dem sonst herrschenden feuchtwarmen Wetter des tropischen Klimas.

Drittens war das »Guinea-Gras«, das vor mehr als 200 Jahren aus Afrika auf die Inseln eingeführt wurde und das

---

[135] spektrum.de 26.6.2023

täglich bis zu 15 Zentimeter wachsen und bis zu drei Meter hoch werden kann, extrem trocken und wirkte wie Zunder für den Feuersturm.

Viertens war das von der skrupellosen Firma Hawaiian Electrics betriebene Stromnetz in einem katastrophalen Zustand: Strommasten stürzten um, der Strom wurde nicht abgeschaltet und die Leitungen verursachten so zahlreiche Kurzschlüsse.

Fünftens schlugen Politik und Behörden die seit Jahren erhobenen Warnungen und auch die Akutwarnung des amerikanischen Wetterdienstes National Weather Service in den Wind, sodass niemand das Frühwarnsystem aktivierte.

Die **neue Qualität der Brände** besteht darin, dass sie nicht nur zu den Jahreszeiten auftreten, in denen sie früher üblich waren, sondern **das ganze Jahr über und in erhöhter Intensität** wüten. Megabrände sind oft kaum mehr zu löschen. Sie hinterlassen mit Temperaturen bis über 1 000 Grad Celsius erheblich größere Schäden als früher, von denen sich viele Wälder kaum erholen können. Megabrände erzeugen eigene Wetterbedingungen, die das Feuer immer wieder von Neuem entfachen. Sie beschleunigen das Artensterben und die Bodenerosion und schädigen den Wasserkreislauf.

Die globale Klimakatastrophe ist wesentliche Ursache der Zunahme und neuen Qualität der Brände. Brandrodung und Austrocknung der Moore, Dürren und extreme Winde befeuern wiederum die globale Klimakatastrophe. Ihre enormen CO_2-Emissionen heizen die Atmosphäre an, Rußpartikel verstärken das Schmelzen des arktischen Eises und das Auftauen der Permafrostböden ebenso wie die Ausdehnung der Ozonlöcher.

Das alles kennzeichnet die Waldbrände als einen der **neuen Hauptfaktoren der globalen Umweltkatastrophe**. Jedes

Jahr verlieren derzeit 339 000 Menschen dabei ihr Leben, weitere verlieren ihre Lebensgrundlage oder leiden anschließend an chronischen Krankheiten.

Der Feuerökologe **Johann Georg Goldammer** moniert berechtigt, dass es *»keine ausreichenden waldbaulichen oder landschaftsgestaltenden ... sondern ... nur rein technische Maßnahmen«* gibt, und er fordert entschieden: *»Prävention ist ... absolut prioritär.«*[136]

B.13. Drohende globale Trinkwasserkatastrophe

Im Jahr 2015 beschloss die UNO 17 Nachhaltigkeitsziele als »Weichen für ein menschenwürdiges Leben aller bis zum Jahr 2030«. Als sechstes Ziel benannte sie sauberes Wasser und Sanitäreinrichtungen. Doch entgegen allen Beteuerungen von 193 Ländern und vor allem der imperialistischen Regierungen war dieses Ziel im Jahr 2020 immer noch nicht erreicht. 3,6 Milliarden Menschen, also fast die Hälfte der Weltbevölkerung, mussten ohne sauberes Wasser oder Sanitäreinrichtungen leben.[137]

Grassierende Dürreperioden in Wechselwirkung zu gesamtgesellschaftlichen Krisen wirken sich verheerend auf die Wasservorräte aus. In den Sahelländern Burkina Faso, Tschad, Mali, Niger und Nigeria bedroht der Wassermangel 40 Millionen Kinder in hohem bis zu extrem hohem Maß.[138]

Anlässlich einer »historischen Dürre« in Uruguay, die den Stausee Paso Severino austrocknete, der als Wasserreser-

---

[136] »Kontrolle statt Katastrophe – Hochschul- und Wissenschaftskommunikation«, kommunikation.uni-freiburg.de 25.1.2019

[137] Weltwasserbericht der Vereinten Nationen 2023

[138] unicef.de 23.8.2022

voir genutzt wird, erhielten die 1,4 Millionen Bewohner der Hauptstadt Montevideo im Sommer 2023 ungenießbares Leitungswasser. Diesem war als »Notmaßnahme« Wasser aus dem Rio de la Plata mit extrem hohen Salz- und Chlorwerten beigemischt.[139]

Nicht nur Dürren, auch **Überschwemmungen** fordern ihren Tribut beim Trinkwasser. So hatten selbst sechs Monate nach der Flutkatastrophe in Pakistan im Jahr 2022 Millionen Menschen immer noch keinen Zugang zu sauberem Trinkwasser.

Selbst in hochentwickelten **imperialistischen Ländern** droht ein Wassernotstand: Von 2002 bis 2021 hat Deutschland 15,2 Milliarden Kubikmeter Wasser, also etwa 8,6 Prozent seiner Wasserreserven verloren. Ein Fünftel der Wasserwerke in Deutschland gibt bereits Engpässe an. Infolge der Dürreperioden müsste es etwa 1,5 Jahre lang durchregnen, um die Grundwasserspeicher aufzufüllen und den Wasserkreislauf wiederherzustellen.[140] Inzwischen sind 35 Prozent des Grundwassers chemisch in schlechtem Zustand. Das ist in großem Maß Folge der großindustriellen kapitalistischen Landwirtschaft, die weltweit zu einer Verseuchung des Grundwassers mit Pestiziden und Nitraten führt.

Auch unkontrollierte Giftmülldeponien, wie in den ehemaligen Bergbauschächten der Ruhrkohle AG in Nordrhein-Westfalen und im Saarland (Deutschland), gefährden das Trinkwasser von Millionen Menschen.

---

[139] zdf.de 2.7.2023

[140] zdf.de 23.6.2023

Die unwiderrufliche Zerstörung großer Teile der Kryosphäre[141]

70 Prozent des weltweiten Süßwassers ist als Schnee oder Eis gespeichert. Die Wasserversorgung der Hälfte der Weltbevölkerung hängt direkt oder indirekt von Gebirgsgletschern ab. Von 2006 bis 2016 betrug ihr Masseverlust etwa 335 Milliarden Tonnen pro Jahr.[142]

Nach einer Studie, die das Wissenschaftsjournal Science im Januar 2023 veröffentlichte, werden bis zum Jahr 2100 50 Prozent der weltweit 215 000 Gletscher nicht mehr existieren, selbst nach dem illusionären Szenario, bei dem die Erwärmung der Erde 1,5 Grad nicht übersteigt.

Hatte der grönländische Eisschild von 1972 bis 1980 noch einen Zuwachs von durchschnittlich 47 Milliarden Tonnen im Jahr, so kehrte sich die Entwicklung von 1980 bis 1990 in einen jährlichen Verlust von 51 Milliarden Tonnen um, der sich allerdings von 1990 bis 2000 auf 41 Milliarden Tonnen im Jahr etwas abschwächte. Aber seitdem beschleunigte er sich dramatisch bis auf 286 Milliarden Tonnen im Jahr, siebenmal schneller als in den 1990er-Jahren.[143]

Unmissverständlich warnt **Victor Smetacek**, Professor für Polar- und Meeresforschung:

»Wenn die (großen Eisschilde) mal richtig anfangen zu schmelzen – daran kann sich die Menschheit nicht anpassen. Das ist ausgeschlossen.«[144]

---

[141] Als Kryosphäre werden alle Formen von Eis (außer in den Wolken) und Schnee im Klimasystem der Erde bezeichnet.

[142] nature.com 8.4.2019

[143] Jérémie Mouginot u. a., »Forty-six years of Greenland Ice Sheet mass balance from 1972 to 2018«, pnas.org 22.4.2019

[144] David Zauner, »Algen können die Welt retten«, Frankfurter Rundschau, 5.7.2023

Erbitterter Konkurrenzkampf um Wasser als sprudelnde Profitquelle

Süßwasser wird immer knapper, gleichzeitig steigt seit Jahrzehnten der weltweite Wasserverbrauch. Statistische Schätzungen gehen davon aus, dass er von 1 405 Milliarden Kubikmetern im Jahr 2014 auf 1 565 Milliarden Kubikmeter 2025 bis zu 1 720 Milliarden Kubikmeter im Jahr 2040 steigen wird.

Gleichzeitig nahm die Wassermenge bei 53 Prozent der 2 000 größten Seen zwischen 1992 und 2022 ab. Bis zu 20 Prozent der Grundwasserbrunnen weltweit sind vom Austrocknen bedroht.

Die **internationalen Übermonopole** sehen jedoch in dem zunehmenden Wassermangel keineswegs nur ein Problem. Mitten in der Weltwirtschafts- und Finanzkrise 2008 gab die Investmentbank Goldman Sachs die Parole aus: »Wasser ist das neue Öl!« Die internationalen Übermonopole entwickelten den Wassermarkt und seine Privatisierung zu einem Eldorado ihrer Maximalprofite.

Die weltweite Verschmutzung des Leitungswassers, das Wasserwerke der Städte und Gemeinden liefern, erwies sich als besonders lukrativ. Zum Weltwassertag 2023 publizierte die UN, dass jährlich 350 Milliarden Liter Wasser in Plastikflaschen für 270 Milliarden US-Dollar verkauft werden, die dann ein riesiges Müllproblem verursachen. Fünf große Konzerne mit jährlichen Einnahmen von rund 65 Milliarden US-Dollar beherrschen den Markt: Pepsi, Coca-Cola, Nestlé, Danone und Primo Corporation.[145]

Der Mangel an Trinkwasser oder unbezahlbare Preise führen immer öfter dazu, dass sich die Massen im erbitterten Kampf um ihr Trinkwasser zusammenschließen. Der erfolg-

---

[145] fr.de 21.3.2023

reiche Kampf der Bevölkerung von **Cochabamba/Bolivien** im Jahr 2000 gegen die Privatisierung der Wasserversorgung durch den US-Konzern Bechtel ist legendär. Er führte sogar zum Sturz der ultrareaktionären Regierung Banzer.

Qualitative Sprünge in der Entwicklung der Trinkwasserversorgung werden dort einsetzen, wo die grundlegenden **Wasserkreisläufe** so gestört sind, dass sie sich **nicht mehr regenerieren** können. Dann entsteht eine **globale Trinkwasserkatastrophe**, die die existenziellen Bedingungen für menschliches Leben untergräbt!

B.14. Monopolistische Agrarindustrie gefährdet Umwelt und Ernährung der Menschheit

Karl Marx kam bereits in seiner Schrift »Das Kapital« zu einer weitsichtigen Analyse industriell betriebener Agrikultur:

»Große Industrie und industriell betriebene große Agrikultur wirken zusammen ... indem das industrielle System auf dem Land auch die Arbeiter entkräftet, und Industrie und Handel ihrerseits der Agrikultur die Mittel zur Erschöpfung des Bodens verschaffen.«[146]

Mit der **Entwicklung der Landwirtschaft** hat die Menschheit Großes für ihre Ernährung und auch für den Naturschutz geleistet. Als die monopolistische Agrarindustrie massenhaft kleinere und mittlere Betriebe zerstörte, starben mit ihnen auch über Jahrhunderte erworbene Kenntnisse, wie Nahrung in Einklang mit der Natur produziert werden kann. Je mehr die **destruktiven Kräfte** die Agrarwirtschaft bestimmten, desto mehr trug sie zur begonnenen Umweltkatastrophe bei.

---

[146] Karl Marx, »Das Kapital«, Marx/Engels, Werke, Bd. 25, S. 821

Großflächiger Sojaanbau verändert die Nahrungsmittelproduktion

Sojabohnen gehören wie Erbsen und Bohnen zu den Hülsenfrüchten (Leguminosen). Sie enthalten aber deutlich mehr Eiweiß (40 Prozent) als diese sowie eine wertvollere Zusammensetzung der Aminosäuren. Bei der Produktion von Sojaöl bleibt nach der Pressung ein eiweißreicher Schrot, der sich gut an Schweine und Geflügel verfüttern lässt.

Weltweit stieg die Sojaproduktion von 265 Millionen Tonnen 2010/2011 sprunghaft auf ungefähr 411 Millionen Tonnen 2023/2024. Brasilien ist inzwischen der größte Produzent und Exporteur von Soja, noch vor den USA. Die Anbaufläche in diesem Land betrug 24,2 Millionen Hektar im Zeitraum 2010/2011 und verdoppelte sich fast auf 45,6 Millionen Hektar 2023. Aufkäufer und Händler der Sojaprodukte sind die international führenden Agrarstoffhändler, die erbittert miteinander konkurrieren.

Die industrielle Fleischproduktion kümmert sich weder um das Wohl der Tiere noch um die Schäden durch Vernichtung von Wäldern für Weiden oder Äcker. Davon profitieren allein die **Agrar-, Nahrungsmittel- und Handelskonzerne**. So konnten in Deutschland 2019 allein die monopolistische Lebensmittelverarbeitung und der -handel mit 157,2 Milliarden Euro über 77 Prozent der Bruttowertschöpfung der Nahrungsmittelproduktion in ihre Taschen lenken.[147]

Die gigantische Produktion von Soja auf der Basis der Zerstörung des Regenwalds und des flächendeckenden Einsatzes von Glyphosat schuf die Voraussetzung für die Ausbreitung einer geradezu abartigen **Massentierhaltung**.

---

[147] Deutscher Bauernverband, »Situationsbericht 2020/21 – Trends und Fakten zur Landwirtschaft«, S. 9

China als Land mit dem größten Schweinebestand von über 400 Millionen Tieren[148] verbraucht den meisten Sojaschrot. Es importierte 2021 fast 100 Millionen Tonnen. Abnehmer sind expandierende Agrarkonzerne, die die Schweine zum Teil in Schweinehochhäusern mit Hunderttausenden Tieren mästen. Mit dieser Methode wurde die WH-Group aus China weltweit die Nummer Eins unter den größten Konzernen, die die Schlachtung von Schweinen organisieren. Die führende Position konnte der Konzern nur erobern, indem er Agrarlandschaften mit Massentierhaltung und **Überdüngung** überzog – mit allen negativen Folgen vor allem für das Trinkwasser.

Für die Zerstörung des Regenwalds gerade durch die Expansion der Sojaproduktion gibt es durchaus eine Alternative: Notwendig ist, den übermäßigen Fleischkonsum einzuschränken und verstärkt andere Futtermittel in der Milchviehhaltung wie Rapsschrot oder eiweißreiches Kleegras zu verwenden.

Die klimaschädliche Massentierhaltung und Stallhaltung

Die Landwirtschaft ist weltweit bis zu 30 Prozent an den **Treibhausgas-Emissionen** beteiligt – auch durch Entwaldung, Umwandeln von Grünland in Äcker oder durch Trockenlegen von Mooren und Feuchtgebieten. Das Umweltbundesamt schreibt:

»Dafür verantwortlich sind vor allem Methan-Emissionen aus der Tierhaltung ... sowie Lachgas-Emissionen aus landwirtschaftlich genutzten Böden als Folge der Stickstoffdüngung«.[149]

---

[148] agrarheute.com 18.1.2022

[149] »Beitrag der Landwirtschaft zu den Treibhausgas-Emissionen«, umweltbundesamt.de 11.4.2023

Wesentliche Gründe dafür sind der Zwang der monopolistischen Landwirtschaft zur Ausweitung der Massentierhaltung, zur großagrarischen Intensivierung des Ackerbaus, zu verarmten Fruchtfolgen und zum Verzicht auf Weidehaltung des Viehs. In großen Betrieben mit Hunderten oder Tausenden Milchkühen ist eine Weidehaltung undenkbar. Erst mit der hauptsächlichen Fütterung von Silage und Soja werden also Kühe zu »Klimakillern«.

Bei der **Weidehaltung** regt der Biss der Wiederkäuer das Gras zum Wachsen an, was zur bestmöglichen Kohlenstoffspeicherung im Humus führt. Eine bunte Weide, auf der auch Kräuter wachsen, führt zudem zu den geringsten Methanausscheidungen der Kühe. Das ist artgerecht für die Tiere und fördert die Artenvielfalt. Grünlandböden sind mit 588 Milliarden Tonnen weltweit sogar noch größere Kohlenstoffspeicher als die Wälder, die 372 Milliarden Tonnen speichern können.

Die Einhaltung vielfältiger Fruchtfolgen, organische Düngung und Begrünung zwischen den Fruchtfolgegliedern sind entscheidend für die Bodenfruchtbarkeit. Wird die Fruchtfolge ausgesetzt, müssen größere Mengen an Dünger und Pestiziden eingebracht und muss längerfristig Humusabbau in Kauf genommen werden. Dessen ungeachtet setzte die EU 2022 ausdrücklich das Fruchtfolgegebot außer Kraft. Nutznießer sind die Agrarmonopole, Opfer sind »Mutter Erde«, Mensch, Tier- und Pflanzenwelt und die Qualität der Nahrungsmittel. Hinzu kommt eine schleichende Erosion der nutzbaren Agrarfläche.

Artensterben durch Ausplündern der Landschaften und Pestizideinsatz

Totalherbizide wie Glyphosat, aber auch die in Europa üblichen Herbizid-Mischungen führten zur fast vollständigen Vernichtung der Ackerbeikräuter, des sogenannten »Unkrauts«.

Bauern, Winzer und Gärtner kommen aber kaum umhin, Herbizide zu nutzen, um im erbitterten Konkurrenzkampf zu überleben. Je weniger »Unkraut« wachsen kann, desto mehr schwinden Nahrungsgrundlage, Nistplätze und Rückzugsorte vieler Insekten, Vögel und Kleintiere. Gab es zwischen 1970 und 1980 noch 21 bis 43 verschiedene Arten von Beikräutern je Feld, waren es im Jahr 2000 nur noch 2 bis 9 Arten und 2013 ausschließlich eine einzige Art. Ein Verlust von mehr als 95 Prozent![150]

Jede Pflanze auf einem Feld, die nicht bewusst gesät oder gepflanzt und chemisch behandelt wurde, ernährt im Durchschnitt zwölf pflanzenfressende Tierarten, von den vielen Insekten ganz abgesehen.[151] So ist die Hälfte aller Wildbienen in Deutschland in ihrem Bestand gefährdet.[152] Die scheinbar nützliche und unschädliche Vernichtung von »Unkraut« löst einen Dominoeffekt aus, zerstört das zerbrechliche Zusammenspiel der verschiedenen Arten.

B.15. Umweltkatastrophe und Weltkriegsgefahr

Regionale Umweltkatastrophe durch den Krieg in der Ukraine

Der Krieg in der Ukraine löste eine akute Weltkriegsgefahr aus, aber auch milliardenschwere Schäden und eine regionale Umweltkatastrophe. Nach der Bombardierung von Kraftwerken sowie Betrieben der Schwer- und Chemieindustrie gelangen gefährliche und sogar giftige Stoffe in Luft, Böden und Wasser. Der Krieg zerstörte bisher rund drei Millionen Hek-

---

[150] »Pestizid-Brief«, pan-germany.org 7.2.2017

[151] »Umweltprobleme der Landwirtschaft«, Sondergutachten, März 1985, S. 177

[152] agrarheute.com 7.3.2023

tar Wald, ein Drittel des ukrainischen Waldbestands, sowie 20 Prozent der Naturschutzgebiete in der Größe von 1,24 Millionen Hektar.[153] Chemikalien verseuchten Millionen Hektar Land und Trinkwasser. Ein Super-GAU im größten Atomkraftwerk Europas, Saporischschja, hätte ähnlich verheerende Folgen wie der Reaktorunfall von Fukushima, urteilt der Kernphysiker **Heinz Smital**.[154] Als im Juni 2023 ein riesiges Loch in den Kachowka-Staudamm am Dnipro in der Ukraine gesprengt wurde, hatte das erhebliche Folgen für Mensch und Natur. Der Wasserexperte **Franck Galland** beurteilte diese Tat als»*eine Katastrophe, eine Tragödie mit ungeheuren Folgen – humanitären, ökologischen und wirtschaftlichen.*«[155]

Zerstörerische Auswirkungen der Vorbereitung eines Dritten Weltkriegs

In der 2022 erschienenen Untersuchung»Der Ukrainekrieg und die offene Krise des imperialistischen Weltsystems« heißt es:

»*Die Eskalation des Ukrainekriegs war verbunden mit der* **Wende** *zu offen aggressiver Außen- und Militärpolitik fast aller imperialistischen Länder zur* **Vorbereitung des Dritten Weltkriegs.**«[156]

---

[153] Joachim Wille, »Folgen für das Klima: Die Katastrophe nach dem Ukraine-Krieg«, fr.de 22.2.2023

[154] »Sorge um die Sicherheit des größten AKW Europas«, deutschlandfunk.de 7.9.2022
Im Zusammenhang mit dem Unglück in Fukushima starben etwa 20 000 Menschen, fast 500 000 mussten evakuiert oder umgesiedelt werden und in weitem Umfeld wurden hohe Konzentrationen von Cäsium 137 und Jod 131 nachgewiesen.

[155] Stefan Brändle, »Kachowka-Staudamm zerstört: Ukraine ›wird um 80 Jahre zurückgeworfen‹«, fr.de 9.6.2023

[156] Stefan Engel, Gabi Fechtner, Monika Gärtner-Engel, »Der Ukrainekrieg und die offene Krise des imperialistischen Weltsystems«, S. 17

Das ging einher mit einem **umweltpolitischen Paradigmenwechsel**. Er äußert sich vor allem in fünf Faktoren:

1. Weitere Steigerung des Abbaus und der Nutzung fossiler Rohstoffe für die Kriegführung

Die gesamte Kriegsmaschinerie beruht gegenwärtig auf der
extensiven Nutzung fossiler Energie.

*»Der Kampfpanzer Leopard 2 verbraucht auf 100 Kilometer
bis zu 530 Liter Diesel, ein Eurofighter verbraucht ca. 70–100
Liter Kerosin pro Minute und produziert pro Flugstunde
11 Tonnen CO_2 – das ist so viel, wie durchschnittlich eine in
Deutschland lebende Person im gesamten Jahr.«*[157]

Bei einer weltweiten Steigerung der Militärausgaben auf
2 240 Milliarden US-Dollar für 2022 (3,7 Prozent mehr als
2021)[158] werden immer gigantischere Mengen an Treibhausgasen erzeugt und Ressourcen verschwendet.

2. Ausbau des Atomwaffenarsenals und Renaissance der Atomkraft

Alle imperialistischen Mächte bauen ihre Atomrüstung aus,
modernisieren sie, streben nach eigenen Atomwaffen oder
bemühen sich wie Deutschland um eine »atomare Teilhabe«.

Es geht ihnen vor allem darum, einen Atomkrieg »führbar«
zu machen. Imperialisten verbreiten die irrige Vorstellung,
mit »Mini Nukes« könnten sie Atomwaffen taktisch begrenzt
einsetzen oder auch dem Gegner so zuvorkommen, dass er
keinen großen Gegenschlag mehr unternehmen kann. Das ist
an Zynismus kaum zu überbieten!

Auch wenn Deutschland seine Atomkraftwerke stillgelegt
hat, sind **deutsche Konzerne** weiterhin massiv am **weltwei-**

---

[157] Isabelle Casel, »Stoppt die Klimakiller Krieg, Militär, Rüstungsindustrie!«,
friedenskooperative.de 2/2020

[158] zdf.de 24.4.2023

ten AKW-Neubau und -Betrieb beteiligt und auch an der **atomaren Aufrüstung.** Der Konzern Urenco, an dem E.ON und RWE beteiligt sind und der unter anderem die Urananreicherungsanlage in Gronau betreibt, ist der zweitgrößte Urananreicherungsbetrieb der Welt, marktbeherrschend in Westeuropa und den USA.[159] Seit 2019 produziert Urenco neben Uran mit einem Anreicherungsgrad von drei bis fünf Prozent für Atomkraftwerke auch solches mit 19,75 Prozent. Ab 20 Prozent Anreicherung kann Uran für Atomwaffen gebraucht werden.

3. Wachsende Bereitschaft zum Einsatz von atomaren, biologischen und chemischen Waffen

Besonders das US-Militär hat in der Vergangenheit trotz internationaler Ächtung ABC-Waffen eingesetzt: Atombomben in Japan, Napalm und Agent Orange in Vietnam, Uranmunition im Golfkrieg, im Krieg in Jugoslawien und im Irak – zusätzlich zu Phosphorbomben. Russland ließ nachweislich mehrmals chemische Bomben in Syrien zum Einsatz kommen, ebenso die Türkei gegen die kurdische Befreiungsbewegung. Selbst wenn ABC-Waffen lokal begrenzt verwendet werden, muss mit Millionen Toten gerechnet werden und leiden die Überlebenden in den betroffenen Ländern noch jahrzehntelang unter schwersten Umwelt- und Gesundheitsschäden.

4. Gefährliche Senkung der Schwelle zur Auslösung eines Atomkriegs durch »Künstliche Intelligenz« (KI) und autonom gesteuerte Waffen

Als Flugkörper mit immer größerer Reichweite und zugleich kürzerer Vorwarnzeit aufkamen, etwa Interkontinentalraketen, setzte ein **Wettrüsten ein um die Führungsposition bei autonomen Waffen** und um die Möglichkeit ihrer **Steu-**

---

[159] Der Freitag 9/2020

erung durch »Künstliche Intelligenz« (KI). Bei derartigen Waffensystemen wirken Cyberangriffe besonders verheerend. Der Informatik- und KI-Spezialist **Karl Hans Bläsius** warnt:

»Ein Kriegsgeschehen auf Basis von autonomen Waffen wird schwer kontrollierbar sein. Des Weiteren sind unkalkulierbare Wechselwirkungen möglich zwischen autonomen Waffen (zum Beispiel autonome unbemannte U-Boote) und Cyberangriffen einerseits und Nuklearstreitkräften und Frühwarnsystemen für nukleare Bedrohungen andererseits. Cyberangriffe könnten auf vielfältige Weise Einfluss auf Frühwarnsysteme nehmen.«[160]

5. Propagandalügen wie die von »klimaneutralem« Militär

Als vermeintliches Zugeständnis an das umweltpolitische Bewusstsein der Massen fordert die Bundesakademie für Sicherheitspolitik in einem Arbeitspapier vehement einen modernen Grün-Anstrich für die Streitkräfte »Vom Leopard zum E-Opard«[161]. Offenherzig positioniert sich dagegen der Chef des Rüstungskonzerns Rheinmetall, **Armin Papperger**:

»Ich sage es ganz ehrlich: Eine klimaneutrale Armee ist aus meiner Sicht eher Wunschvorstellung als realistische Option. ... Es gibt keine sauberen Kriege – auch nicht in ökologischer Hinsicht.«[162]

Oder im Klartext: Imperialistische Kriege haben nicht im Entferntesten etwas mit Ökologie oder Vermeidung von CO_2-Emissionen zu tun – sie befeuern im Gegenteil die glo-

---

[160] Karl Hans Bläsius, »Führt der Ukraine-Krieg zur Entwicklung gefährlicherer Waffen?«, fr.de 13.6.2023

[161] Hans-Jochen Luhmann, »Vom Leopard zum E-Opard: Die Bundeswehr sollte bei der Klimaneutralität vorangehen«, baks.bund.de 5/2021

[162] Andreas Niesmann, Frank-Thomas Wenzel, »Rheinmetall-Chef: ›Kein Land in Europa ist gut auf einen Überfall vorbereitet‹«, rnd.de 10.6.2023

bale Klimakatastrophe, regionale Umweltkatastrophen und die Vergiftung von Gewässern, Böden und Luft.

B.16. Umweltpolitische Gefahren der imperialistischen Politik im Weltall

Der US-Multimilliardär und Amazon-Gründer **Jeff Bezos** will die gesamte Schwerindustrie mitsamt ihren Schadstoffen ins All verlagern. Näheres verrät er nicht, denn:

»Die Aufgabe meiner Generation ist es, die Infrastruktur zu bauen … eine Straße ins Weltall. Und dann werden wahnsinnige Dinge passieren.«[163]

Dieser als »Ausweg« aus der Umweltkatastrophe propagierte Plan ist tatsächlich wahnwitzig. Die imperialistischen Mächte weiten die Anarchie der kapitalistischen Produktion und ihre Rivalität um Macht- und Einflusssphären auf das Weltall aus.

Laut **Mehak Sarang**, Weltraumökonomin an der Harvard Business School in Boston, macht die Satellitenindustrie aktuell etwa 400 Milliarden US-Dollar Umsatz. Mehr als 15 000 Satelliten kreisen um die Erde, davon gehören 4 500 den USA. Platz zwei belegt China mit fast 600 Satelliten. Rund 11 000 Satelliten haben schon ausgedient und geistern unberechenbar als Weltraumschrott durch das All.[164]

Elon Musk, auch Inhaber der US-Firma SpaceX, will bis 2027 mit seinem Programm **Starlink**[165] 12 000 Satelliten in eine erdnahe Umlaufbahn schießen. Offiziell will er damit

---

[163] Arthur Landwehr, »Das All der unbegrenzten Möglichkeiten«, tagesschau.de 21.3.2021

[164] ebenda; de.statista.com 6.7.2023

[165] Thorsten Neuhetzki, »Starlink: Schnelles Internet für jeden – das musst du wissen«, inside-digital.de 5.1.2023

lediglich für die ganze Welt eine satellitengestützte Internet-Breitband-Verbindung herstellen. Der Einsatz im Ukrainekrieg zeigt aber, dass dabei auch die Kriegstauglichkeit von größerem Interesse ist.

Neue unkontrollierbare Ultragifte können durch Verglühen ausgedienter und defekter Satelliten entstehen und sich in der Atmosphäre verbreiten. Explodierende Tanks ausgedienter Raketen und Satelliten hinterlassen gewaltige Schwärme von Schrottteilen.

Die **Dominanz im Weltraum** wird mehr und mehr zu einem **kriegsentscheidenden Faktor**. Bisher ignoriert die weltweite Umweltbewegung noch weitgehend die imperialistische Nutzung des Weltalls. Sein Missbrauch als Mülldeponie, als Ort, um Satelliten und Kriegswaffen zu stationieren, um auf anderen Planeten Rohstoffe abzubauen, sowie für kommerzialisierte Expeditionen und Weltraumreisen nimmt jedoch bedrohlich zu. Globale Verantwortung heißt auch, den Planeten Erde als Teil des Universums zu schützen.

B.17. Die globale Umweltkatastrophe erzwingt riesige Fluchtbewegungen

Bereits 2009 prognostizierte der damalige Hohe Flüchtlingskommissar und jetzige Generalsekretär der Vereinten Nationen, **António Guterres**, auf dem Weltklimagipfel in Kopenhagen:

»Der Klimawandel könnte zum Hauptfluchtgrund werden.«[166]

Die Hälfte der Weltbevölkerung ist heute potenziell in ihrer Existenz gefährdet, wachsende Teile sind schon unmittelbar bedroht. Aufgrund von Überschwemmungen, Waldbränden,

---

[166] »Klimawandel als Fluchtgrund«, uno-fluechtlingshilfe.de 28.7.2023

Dürren, Erdrutschen, Stürmen und weiteren Extremwetterereignissen flüchteten schon 2020 offiziell 30 Millionen Menschen.[167] Bis Mai 2023 stieg die Zahl der **Flüchtlinge** weltweit
auf den bisherigen Höchststand von 110 Millionen – 23 Prozent mehr als Ende 2021.[168] Die Weltbank prognostizierte
2021, dass in den nächsten 30 Jahren über 200 Millionen
Menschen allein innerhalb ihrer Länder vor den Folgen der
Klimakatastrophe flüchten werden.[169]

Riesige Menschenströme werden sich zunächst in den noch
bewohnbaren Gegenden des jeweiligen Landes ballen; gegenwärtig sind mindestens 58 Prozent der Flüchtlinge **Binnen-
flüchtlinge**. Doch Millionen Menschen werden sich ihr Recht
auf Flucht auch in imperialistische Kernländer nicht nehmen
lassen. Sie werden letztlich weder durch reaktionäre Asyl-
gesetze, faschistische Pogrome noch durch Zäune, reaktionäre
Küstenwachen, staatlich legitimierte faschistische »Push-
backs« oder paramilitärische Einrichtungen wie »Frontex«
aufzuhalten sein.

Die Fluchtbewegung ist nicht nur Ergebnis, sondern verschärft auch die Umweltkatastrophe. Ein großer Teil der
Flüchtlinge landet in den Slums oder Vororten der Megastädte,
wo sie oft unter menschenunwürdigen Verhältnissen leben
müssen. Die elenden Zustände dort führen zu unkontrollierter
Abholzung, zu Überfischung und Wilderei, zu Vermüllung und
Verschmutzung von Wasserressourcen.

Unter der Bedingung wachsender Familienlosigkeit wird
sich unweigerlich die Not eines zunehmenden Teils der Massen in neuer Qualität entfalten: Zerrüttung ihrer Lebens-

---

[167] Johanna Bussemer u. a. (Hrsg.), »Atlas der Migration«, Rosa-Luxemburg-
Stiftung, 2022, S. 18

[168] UNHCR, »Global Trends – Forced Displacement in 2022«, unhcr.org
14.6.2023, S. 7

[169] openknowledge.worldbank.org 13.9.2021

verhältnisse, traditionelle Familienbindungen lösen sich auf. Auch die Widersprüche zwischen religiösen, ethnischen und politischen Gruppen wachsen an. Auf dieser Basis können die Herrschenden Hetze und Spaltung verbreiten.

Aber es werden auch neue Organisationsformen des gesellschaftlichen Lebens entstehen und sich stärken: Gewerkschaften, revolutionäre Parteien und Selbstorganisationen der Massen wie die Umwelt-, Frauen- und Flüchtlingsbewegung. Sie alle werden besonderen Wert auf Solidarität und Zusammenhalt legen.

In den wachsenden 34 Megastädten der Welt – Orte mit mehr als zehn Millionen Einwohnern – und anderen Metropolen konzentriert sich zwar die Macht des internationalen Finanzkapitals, aber dort formieren sich zugleich die internationale Industriearbeiterschaft und die Flüchtlingsbewegung.

Ist die **Flüchtlingsbewegung** bisher in erster Linie eine **Menschenrechtsbewegung**, so muss sie fortan auch den Kampf gegen die weitere Zerstörung der natürlichen **Umwelt** auf ihre Fahnen schreiben. Sie kann ein wichtiges Bindeglied werden zwischen der Umweltbewegung in den imperialistischen, den neokolonial abhängigen und unterdrückten Ländern.

Bei aller Not und allem Elend sprengen die explodierenden Migrationsbewegungen auch alle herkömmlichen Bindungen an feudale und kapitalistische Gesellschaften sowie unterdrückerische Familienstrukturen. Sie wirbeln das Leben der Massen der Welt durcheinander, bringen aber auch ihre Lebens- und Kampferfahrungen und fortschrittlichen Kulturen zusammen. Mit einer proletarischen Denkweise und sich entwickelndem Klassenbewusstsein entsteht daraus ein gewaltiges **Potenzial** des gemeinsamen und zunehmend revolutionären **Kampfs gegen den Imperialismus** und **zur Rettung der Menschheit**.

VIII. Die proletarische Strategie und Taktik im Umweltkampf

1. Erweiterung der marxistisch-leninistischen Strategie

Die Endlichkeit der Existenz der Menschheit

Über einen Zeitraum von etwa 4,6 Milliarden Jahren entwickelte sich der Planet Erde. Dieser Prozess umfasste Phasen der Höherentwicklung der Natur, unterbrochen durch Phasen des Massenaussterbens von Lebewesen. Das größte gab es vor etwa 252 Millionen Jahren, bei dem

»drei Viertel aller Landlebewesen und sogar 95 Prozent des Lebens im Ozean innerhalb weniger tausend Jahre verschwanden.«[170]

»In erstaunlich kurzer Zeit«, nämlich nach rund einer Million Jahren, entstanden wieder *»neue Ökosysteme«*[171] mit Pflanzen und Tieren. Erst in der allerjüngsten Erdgeschichte, vor wenigen Millionen Jahren, entwickelten sich Menschen als höchste Form der sich entwickelnden Materie.

Natürlich ist die Existenz der Gattung Mensch schon immer endlich. Sie kann zu Ende gehen, wenn gewaltige Naturkatastrophen oder das Erkalten der Sonne Leben auf der Erde

---

[170] »Auslöser für größtes Massenaussterben der Erdgeschichte identifiziert«, geomar.de 19.10.2020

[171] Elena Bernard, »Massenaussterben: Neues Leben in Rekordzeit«, scinexx.de 13.2.2023

unmöglich machen. Eine globale Umweltkatastrophe wie auch ein atomarer Weltkrieg bedeuteten jedoch eine Verkürzung der Lebensdauer der Menschheit, die nicht von Naturgesetzen, sondern von Menschenhand verursacht wäre.

Modifizierung und Erweiterung der marxistisch-leninistischen Strategie

Seit Karl Marx und Friedrich Engels enthält die marxistisch-leninistische Strategie auch das Ziel, die (Zer-)Störung der Einheit von Mensch und Natur durch die kapitalistische Produktionsweise zu überwinden.

Bereits der beschleunigte Übergang der globalen Umweltkrise in die globale Umweltkatastrophe erforderte eine Erweiterung und Weiterentwicklung der Strategie der Marxisten-Leninisten. Die Umweltfrage wurde zu einer Systemfrage und der Kampf um die Rettung der natürlichen Lebensgrundlagen wurde neben dem Kampf für soziale und nationale Befreiung zur wichtigsten Aufgabe der internationalen sozialistischen Revolution.

Die veränderte Ausgangslage erfordert eine **Modifizierung und zusätzliche Erweiterung der Strategie der internationalen sozialistischen Revolution**: Es reicht nicht mehr, die Rettung der Umwelt vor der Profitwirtschaft zum Teil des Klassenkampfs zu machen. Die entscheidende Mehrheit der Arbeiterklasse und die breiten Massen müssen den Kampf um die **Rettung der Menschheit** vor dem Ausreifen der globalen Umweltkatastrophe zu ihrer Sache machen. Es muss tief in ihr Denken, Fühlen und Handeln eingehen, dass dies nur durch die revolutionäre Überwindung des imperialistischen Weltsystems und den Aufbau des Sozialismus und Kommunismus möglich sein wird. Sie können darauf vertrauen, dass der Prozess der globalen Umweltkatastrophe Milliarden Menschen gegen das imperialistische Weltsystem aufbringen wird.

Die Notwendigkeit der internationalen sozialistischen Revolution begründet sich also nicht mehr allein aus den Klasseninteressen der Arbeiterklasse, sondern auch aus dem **Interesse der Menschheit, zu überleben** und **dazu die natürliche Umwelt zu erhalten.** Der unauflösliche Zusammenhang von proletarischem Klassenkampf für die vereinigten sozialistischen Staaten der Welt und Kampf zur Rettung der Menschheit ergibt sich aus diesem gemeinsamen strategischen Ziel.

Bereits im Buch »Morgenröte der internationalen sozialistischen Revolution« wurde jeder Verharmlosung der Situation, aber auch jeglicher Weltuntergangsstimmung entgegengetreten:

»Das Ausreifen der globalen Umweltkatastrophe ist trotz der bereits eingetretenen irreversiblen Schäden kein unausweichliches Schicksal der Menschheit. Ihre Grundlage ist das gegenwärtige Stadium des Imperialismus und diese bleibt nur unveränderlich, wenn sich das imperialistische Weltsystem und seine Herrschaft über Mensch und Natur aufrechterhalten lassen.«[172]

Bürgerliche und kleinbürgerliche Irrwege

Der imperialistische Ökologismus vertritt ein ganzes Bündel illusionärer **Strategien zur »Anpassung an den Klimawandel«.** Einziges Ziel dieser Ideologie ist, die kapitalistische Gesellschaft unter allen Umständen aufrechtzuerhalten, dem eigenen Monopolkapital und Staat Vorteile im internationalen Konkurrenzkampf zu verschaffen und dafür das wachsende Umweltbewusstsein der Massen zu zersetzen.

Die UN hat für diesen Zweck schon im Jahr 2001 Leitlinien und im Jahr 2006 ein Arbeitsprogramm verabschiedet. Über

---

[172] Stefan Engel, »Morgenröte der internationalen sozialistischen Revolution«, S. 206/207

50 Länder haben auf dieser Grundlage »**Nationale Aktions-programme zur Anpassung**« erstellt. Diese beschreiben durchaus richtig einige der zu erwartenden Auswirkungen. Allerdings schlagen sie als Lösung nur einzelne willkürliche und völlig unzureichende sowie meist unverbindliche Maßnahmen vor.

Die Maßnahmen dieser Aktionsprogramme haben strenge Auswahlkriterien. Ihre Verwirklichung hängt davon ab, ob sie unter der Flagge der Vereinbarkeit von Ökologie und kapitalistischer Ökonomie dem Maximalprofit bringenden Geschäft dienen. 50 Jahre solcherlei imperialistischer »Anpassung« haben die Welt geradewegs in die nun begonnene globale Umweltkatastrophe geführt.

Eine weitere bürgerliche Variante verfolgt die These, **Geoengineering**[173] könne die fortschreitende Umweltzerstörung aufhalten. Der Meeresbiologe **Terry Hughes** kritisiert die Illusion, die Zerstörung der Korallenriffe durch Geoengineering rückgängig machen zu können. Er untersuchte für eine Studie 300 Projekte für den Wiederaufbau von Korallenriffen. Sie kosteten 250 Millionen US-Dollar – vermochten allerdings nur, Korallenriffe in der Größe zweier Fußballfelder neu aufzubauen. Zum Vergleich: Das größte Korallenriff der Welt, das Great Barrier Reef vor der Nordostküste Australiens, ist 70 Millionen Fußballfelder groß! Hughes resümiert:

»Statt weiter die Botschaft zu verbreiten, ›Die cleveren Wissenschaftler können das Problem schon lösen, die können die Riffe wiederherstellen‹, sollten wir uns darauf konzentrieren, die Ursachen des Riffsterbens zu bekämpfen.«[174]

---

[173] Geoengineering bezeichnet hier den Einsatz von Technologien zur Abmilderung der Folgen der Klimaerwärmung.

[174] Monika Seynsche, »Kritische Bewertung der Korallenschutzprogramme«, share.deutschlandradio.de 8.6.2023

Wohl ahnend, dass derartige »Lösungen« mehr als zweifelhaft sind, nimmt der »**Luxuseskapismus**« zu. So nennt sich ein neues Milliardengeschäft, bei dem sich Superreiche Land, ganze Inseln oder Bunkeranlagen kaufen, um sich vor den Folgen zu erwartender Umweltkatastrophen, »politischer Unruhen« oder auch einfach vor Steuerbehörden in Sicherheit zu bringen.[175] Diese offen zur Schau getragene Dekadenz wird zweifellos in erster Linie Empörung bei den Milliarden betroffener Menschen hervorrufen. Die revolutionäre Strategie und Taktik muss das nutzen, Klarheit zu schaffen über die wahren Verursacher der Katastrophe und über den Weg zur Beendigung ihrer Macht.

2. Die Weiterentwicklung der proletarischen Strategie und Taktik des Umweltkampfs

Die entscheidende Frage ist, wie lange es den herrschenden internationalen Monopolen und ihren imperialistischen Regierungen noch gelingt, die Arbeiterklasse und die breiten Massen vom Kampf um die sozialistische Alternative abzuhalten.

In Verbindung mit dem verschärften zwischenimperialistischen Konkurrenzkampf wälzen die Imperialisten immer mehr Krisenlasten auf die Massen ab. Ausgehend vom allein herrschenden internationalen Finanzkapital entsteht **weltweit** eine **Tendenz zu offener Reaktion, Faschismus und Krieg. Echter Sozialismus statt Rechtsentwicklung und imperialistische Barbarei** wird zu einer wesentlichen Leitlinie in der proletarischen Strategie und Taktik.

Wohin werden sich die Massen wenden? In die sozialistische Zukunft? Oder lassen sie sich von bürgerlichen oder kleinbürgerlichen Verwirrmanövern davon abhalten?

---

[175] nzz.ch 14.3.2022

Veränderungen der proletarischen Strategie und Taktik

Die marxistisch-leninistische Strategie und Taktik ist die bewusste Anwendung der dialektischen Methode zur Führung und Höherentwicklung von Parteiaufbau, Klassenkampf und Vorbereitung der internationalen sozialistischen Revolution. Sie verwirklicht die **grundlegende Einheit von Theorie und Praxis**. Aus den Veränderungen der neuen Ausgangslage folgen zwei wesentliche eigenständige und doch miteinander verwobene Stränge der Strategie und Taktik im Umweltkampf:

- Wo in der globalen Umweltkatastrophe **qualitative Sprünge** bereits zu **irreversiblen und unkontrollierbaren Zerstörungs- und Selbstzerstörungsprozessen geführt haben**, muss der Kampf zur **Eindämmung** der katastrophalen Entwicklungen und um einschneidende **Schutzmaßnahmen** entschlossen aufgenommen werden.

- Bei den Merkmalen der globalen Umweltkrise, die den qualitativen Sprung zu irreversiblen und unkontrollierbaren Prozessen der globalen Umweltkatastrophe bisher noch nicht vollzogen haben, zielt der Kampf auf den **Stopp oder die Umkehrung dieser Entwicklungen**, soweit das noch möglich ist.

Identisch wird die Lösung beider Seiten dieser Strategie und Taktik im Umweltkampf in der Perspektive und im Kampf für die **sozialistische Gesellschaft als einzige Rettung vor der drohenden Ausreifung der globalen Umweltkatastrophe**. Die marxistisch-leninistische Strategie und Taktik muss dafür Klarheit schaffen, mobilisieren und ermutigen, überzeugen und Kämpfe organisieren.

Erstens muss sie dabei auf den bereits erarbeiteten Erkenntnissen, Grundsätzen und Leitlinien aufbauen: **Das**

internationale Industrieproletariat muss die **führende Kraft** sein, die Hauptkraft die internationale Arbeiterklasse. Der Kampf zur Rettung der Menschheit als Teil des Kampfs um den Sozialismus muss fester Bestandteil der Arbeit an der Hauptkampflinie in den industriellen Großbetrieben werden. Nur so kann das **internationale Industrieproletariat seine führende Rolle** verwirklichen.

Zweitens: Der Umweltkampf und der Kampf zur Rettung der Menschheit haben **keine einheitliche Klassenbasis**, sondern umfassen proletarische, kleinbürgerliche und bürgerliche Kräfte, soweit sie nicht dem imperialistischen und antikommunistischen Lager zuzuordnen sind. **Bündnispartner** der Arbeiterklasse **sind alle Unterdrückten und Ausgebeuteten** der Welt. Sie bilden die direkten und indirekten Reserven des proletarischen Klassenkampfs und des Kampfs zur Rettung der Menschheit; sie verändern sich qualitativ und quantitativ. Das betrifft breite Massen, die von der globalen Umweltkatastrophe betroffen sind: Landwirte, Fischer, indigene Völker, kritische und fortschrittliche Wissenschaftler, Akademiker, Kräfte bis weit in kleinbürgerliche und aufgeklärte bürgerliche Kreise hinein, ebenso Menschen aus den zerstörten oder dem Untergang geweihten Regionen und antiimperialistische Regierungen in solchen Ländern. Die proletarische Strategie und Taktik des Umweltkampfs muss diesem Potenzial durch eine **gleichermaßen flexible wie prinzipienfeste Bündnisarbeit** Rechnung tragen. Der **gesellschaftsverändernde Umweltkampf** muss all diese Kräfte zusammenschweißen, ohne einen bürgerlichen oder kleinbürgerlichen Führungsanspruch zu akzeptieren.

Drittens ist die Entfaltung einer globalen Umweltkatastrophe eine neue Erfahrung für die Menschheit. Sie muss ihre Grundlagen und Gesetzmäßigkeiten weiter erforschen, bereits gewonnene Erkenntnisse vertiefen und konkretisieren, neue Erscheinungen und wesentliche Veränderungen erkennen und mit feineren Begriffen qualifizieren. Dafür muss eine **wissenschaftliche Umweltforschung** mit der dialektisch-materialistischen Methode arbeiten, im Interesse der Ausgebeuteten und Unterdrückten handeln und sich ihrer Rebellion anschließen. **Die theoretische Arbeit** darf niemals im Trubel der Ereignisse untergehen.

Viertens: Allgemeine Schwerpunktaufgabe der Marxisten-Leninisten und aller fortschrittlichen Menschen wird, dem **Sozialismus zu einem neuen Ansehen unter den Massen** zu verhelfen und sie für dieses Ziel als Kämpferinnen und Kämpfer zu gewinnen. In enger Verbindung mit der Bewegung »Gib Antikommunismus keine Chance!« müssen die Marxisten-Leninisten die Agitation und Propaganda für den echten Sozialismus weiterentwickeln als Ausweg zur Rettung der Menschheit.

Fünftens erweitert sich das Verständnis des **gesellschaftsverändernden Kampfs.** Die Lösung der sozialen Frage durch die sozialistische Revolution und den Aufbau des Sozialismus/Kommunismus unter Führung der Arbeiterklasse durchdringt sich zunehmend mit den existenziellen Menschheitsfragen und erweitert damit enorm ihre Potenziale. Der Umweltkampf, der aktive Widerstand gegen Faschismus, Imperialismus und Krieg, der Kampf um die Befreiung der Frau und der Kampf um die brennenden ökonomischen und sozialen Fragen der Massen müssen als Schule des Klassenkampfs geführt werden. Der Kampf darf nicht in reformistische oder kleinbürgerlich-ökologistische Illusionen abgleiten.

Sechstens bleibt der **Umweltkampf** die zweitwichtigste **Kampflinie der Revolutionäre,** aber seine Bedeutung wächst sprunghaft und kann unter **bestimmten Umständen sogar zur wichtigsten Aufgabe** im proletarischen Klassenkampf werden.

Siebtens: Die Zukunftsfragen der **Jugend** werden mit den Existenzfragen der Menschheit identisch. Die Strategie und Taktik in der Jugendarbeit und die Lebensschule der proletarischen Denkweise müssen um den Kampf zur Rettung der Menschheit erweitert werden.

Achtens muss die Strategie und Taktik im Umweltkampf **geeignete Organisationsformen entsprechend den jeweiligen Bewusstseinsstufen** entwickeln und stärken: Vom erwachenden Umweltbewusstsein in zeitweiligen Organisationsformen wie Bürgerinitiativen über ein entwickelteres Umweltbewusstsein in allen überparteilichen Selbstorganisationen der Massen und einer **internationalen Widerstandsfront** gegen die Folgen der Umweltkatastrophe bis hin zu einem Umweltbewusstsein, das mit dem sozialistischen und kommunistischen Bewusstsein identisch ist. Menschen mit diesem Bewusstsein sind in **revolutionären Parteien** organisiert.

Die **Stärkung der marxistisch-leninistischen Parteien** und der selbständigen, überparteilichen, demokratischen, internationalistischen und finanziell unabhängigen **Selbstorganisationen der Massen** mit der weltanschaulichen Offenheit für den Sozialismus auf antifaschistischer Grundlage muss als **Wechselbeziehung** organisiert werden. Die meisten bürgerlichen NGOs gehören nicht dazu, soweit sie strikt antikommunistisch ausgerichtet sind. Sie betreiben sogar eine systematische Zersetzungsarbeit in den Massenbewegungen, um die Entwicklung sozialistischen Bewusstseins zu verhindern.

Neuntens muss die Strategie und Taktik unbedingt **internationale Zusammenschlüsse** zur Koordinierung und Kooperation der Arbeiterbewegung, der verschiedenen Massenbewegungen und der revolutionären Bewegungen fördern. Nationale und internationale Organisationsformen der Ein-

heitsfront gegen Imperialismus, Faschismus und Krieg gewinnen an Bedeutung. Die Lösung der Umweltfrage unterstreicht,
dass heute **kein elementares Menschheitsproblem mehr
auf nationaler Ebene gelöst** werden kann!
All das erfordert ein allseitiges **Programm der Selbst-
veränderung** der Arbeiter- und der Umweltbewegung, der
Frauen- und Jugendbewegung sowie der Revolutionärinnen
und Revolutionäre der Welt.

3. Die erweiterte Strategie und Taktik im Kampf um die Denkweise

Der Kampf zwischen der kleinbürgerlichen und der proletarischen Denkweise ist zur ausschlaggebenden Frage für die
Entwicklung des Klassenkampfs geworden. Die Herrschenden haben das gesellschaftliche System der kleinbürgerlichen
Denkweise weltweit zu einem mächtigen Instrument ihrer
imperialistischen Herrschaftsausübung ausgebaut. Deshalb
haben die Marxisten-Leninisten ihre Strategie und Taktik im
proletarischen Klassenkampf, im marxistisch-leninistischen
Parteiaufbau und in der Vorbereitung der internationalen
sozialistischen Revolution um den **Kampf um die Denkweise**
erweitert. Das zielt darauf ab, dass die Arbeiterklasse und die
breiten Massen mit dem Einfluss der kleinbürgerlichen Denkweise auf ihr Denken, Fühlen und Handeln fertigwerden. Sie
müssen sich die Strategie und Taktik der internationalen sozialistischen Revolution und ihre Erweiterung um die Rettung
der Menschheit zu eigen machen.
   Die Umweltkatastrophe fordert auch spontan die proletarische Denkweise der Klassensolidarität heraus, Kritik an
der kapitalistischen Profitwirtschaft, Hass auf herrschende
Verhältnisse und Sehnsucht nach einer Gesellschaft der Einheit von Mensch und Natur. Das erfordert den Kampf mit

der kleinbürgerlichen Denkweise, vor allem der kleinbürgerlich-ökologistischen, -individualistischen und -egoistischen
sowie mit der kleinbürgerlich-antiautoritären und kleinbürgerlich-antikommunistischen Denkweise.

Die Rettung der Menschheit kann nur auf der Grundlage
der **proletarischen Denkweise** erkämpft werden!

Die Zusammensetzung der Umweltbewegung aus verschiedenen Klassen und Schichten bringt es gesetzmäßig mit sich,
dass im Umweltkampf die Auseinandersetzung zwischen der
Denkweise des proletarischen Ökologismus und des kleinbürgerlichen und imperialistischen Ökologismus entbrennt.

Deshalb müssen die Marxisten-Leninisten die **Strategie
und Taktik im Kampf um die Denkweise** auf die Förderung des Umweltbewusstseins in seinen wesentlichen Über-
gängen ausrichten.

1. Auf der Grundlage eines **erwachenden Umweltbewusstseins** entwickelt sich ein entschlossener Kampf um Reformen
und nötige Sofort- und Schutzmaßnahmen gegen die Verursacher der globalen Umweltkatastrophe, die internationalen
Monopole. In dieser Phase muss der **Hauptstoß** des weltanschaulichen Kampfs gegen die **reaktionären bis faschistischen Leugner der globalen Umweltkrise** gerichtet
werden. Nur so können die Massen mit der kleinbürger-
lich-sozialchauvinistischen, kleinbürgerlich-völkischen und
kleinbürgerlich-antikommunistischen Denkweise fertigwerden. Die reaktionären und faschistischen Richtungen bekom-
men vor allem dann Nahrung, wenn Monopole und ihre Regierungen notwendige Maßnahmen des Umweltschutzes zulasten
der breiten Massen betreiben und zugleich die internationalen
Monopole als Hauptverursacher schonen. Die Herrschenden
spielen Umweltschutz gegen die sozialen Interessen der Arbeiterklasse aus und wälzen die Folgen der Umweltzerstörung
auf die Massen ab.

Ultrareaktionäre, faschistoide und faschistische Kräfte missbrauchen die berechtigte Kritik daran, um ihre Politik **demagogisch** als »Interesse der Arbeiterklasse« zu maskieren. Abgesehen davon, dass diese Leute keine einzige soziale Frage der Massen lösen wollen und können, zeigt es ihre tiefe Menschenverachtung, wenn sie die Umweltkrise und -katastrophe leugnen und aggressiv alle Umweltschutzmaßnahmen und damit auch die Zukunft der Arbeiterklasse und der Jugend bekämpfen.

Sie vertreten in Wirklichkeit die Klasseninteressen eines Teils des allein herrschenden internationalen Finanzkapitals, der auf fossile und atomare Energieträger, Verbrennermotoren sowie auf aggressive Ausbeutung der Rohstoffe setzt. Das AfD-nahe Institut EIKE (Europäisches Institut für Klima und Energie) arbeitet eng mit Organisationen der Klimaleugner in den USA zusammen, die von ExxonMobil, BASF, Shell und der Atomindustrie gesponsert werden.[176]

Echter Sozialismus statt Rechtsentwicklung und imperialistische Barbarei wird zu einer wesentlichen Leitlinie in der proletarischen Strategie und Taktik!

2. Mit dem **sich entwickelnden Umweltbewusstsein** reift die Erkenntnis über den notwendigen **gesellschaftsverändernden Charakter des Kampfs**. Damit geht einher, dass sich die kämpferische Umweltbewegung immer stärker auf den Gesamtzusammenhang und die Wechselbeziehungen in der Biosphäre bezieht und die Diktatur der Monopole als Ganzes ins Visier nimmt.

In dieser Phase muss der Kampf um die Denkweise der Massen vor allem gegen die **Varianten der imperialistisch-ökologistischen und kleinbürgerlich-ökologistischen Denkweise** ausgetragen werden. Sie geben vor, den Umweltschutz

---

[176] bund-rvso.de 14.8.2019

ganz oben auf der Agenda zu haben, und sind dabei allesamt darauf ausgerichtet, das kapitalistische Ausbeutungssystem zu verteidigen und aufrechtzuerhalten.

Robert Habeck, Vizekanzler, Bundesminister für Wirtschaft und Klimaschutz,»bereicherte« anlässlich des Kriegs in der Ukraine den imperialistischen Ökologismus um die **sozialchauvinistische Variante des** *»ökologischen Patriotismus«*.[177] Höchst patriotisch ordnet er ökologische Maßnahmen den »Sicherheits«-, sprich Machtinteressen der westlichen Imperialisten unter und rechtfertigt dies als *»Beitrag zur Energiesicherheit für Deutschland«*[178]. So erleben wir den **seit Jahren größten umweltpolitischen Rückschritt.**

Alle Spielarten des imperialistischen und kleinbürgerlichen Ökologismus haben eines gemeinsam: Sie spielen die globale Umweltkatastrophe massiv herunter, verharmlosen sie und nehmen die Hauptverursacher – das allein herrschende internationale Finanzkapital – aus der Schusslinie.

Bürgerliche Studien sorgen sich bereits, dass der Kapitalismus große Teile der Menschen gegen sich aufbringen wird. So warnt der Autor **Klaus-Rüdiger Mai** in der Neuen Zürcher Zeitung, dass die Klimafrage *»das trojanische Pferd für die Rückkehr des Sozialismus«*[179] werden könne.

Tatsächlich wird die Frage der sozialistischen Alternative über Erfolg oder Misserfolg der Rettung der Menschheit entscheiden.

Mit der **kleinbürgerlich-ökologistischen Denkweise** fertigzuwerden, spielt eine besondere Rolle in dem sich entwi-

---

[177] Max Haerder, »›Not in my backyard‹ hat endgültig ausgedient«, wiwo.de 4.4.2022

[178] »Robert Habeck: ›Ein Beitrag zur Energiesicherheit für Deutschland‹«, ardmediathek.de 20.1.2023

[179] Klaus-Rüdiger Mai, »Achtung, Marx ist wieder da! Was der grüne Sozialismus verspricht«, nzz.ch 9.1.2023

ckelnden Umweltbewusstsein. Diese verbindet umfangreiche Kenntnisse, zahlreiche berechtigte Kritiken an der herrschenden Umweltpolitik und geeignete Vorschläge mit illusionären Konzepten.

Greta Thunberg, die Initiatorin der weltumspannenden Jugendumweltbewegung Fridays for Future, schwankt in ihren Verlautbarungen zwischen Illusion und klarer Kante. Anlässlich des fünften Jahrestags von Fridays for Future bilanziert sie treffend:

»Wir müssen den Druck aufrechterhalten und dürfen nicht zulassen, dass die Leute an der Macht ungestraft Menschen und den Planeten für Profit und Gier opfern.«[180]

In ihrem Bestseller »Das Klimabuch«, in dem sie eindringlich vor einer katastrophalen Entwicklung warnt, wirft sie gleichzeitig Nebelkerzen über die wirklichen Verursacher:

»Es ist nicht die Schuld der Ölkonzerne. Es ist nicht die Schuld der Holzindustrie, der Fluggesellschaften, der Autohersteller, der Hersteller von Fast Fashion oder der Fleisch- und Milchproduzenten. Sie tragen viel Schuld, aber ihre Aufgabe ist es leider, Geld zu verdienen, nicht Bürgerinnen und Bürger über den Zustand der Biosphäre zu informieren oder die Demokratie zu schützen.«[181]

Ach, so einfach ist das? Ausbeuter sind nun mal zum Ausbeuten da, Umweltzerstörer zur Zerstörung der Umwelt? Greta Thunberg entlässt hier – ganz im bürgerlichen Mainstream – die internationalen Monopole aus ihrer Verantwortung.

In der Jugendumweltbewegung Fridays for Future entstand die scheinbar paradoxe Situation, dass unter einer Masse von Jugendlichen **antikapitalistische Tendenzen und antikommunistische Vorbehalte** miteinander ringen. Der

---

[180] Greta Thunberg, twitter.com 18.8.2023 – eigene Übersetzung

[181] Greta Thunberg, »Das Klimabuch«, S. 392

Kampf um den Sozialismus und zur Rettung der Menschheit kann aber nicht auf einer diffusen antikapitalistischen Stimmung aufgebaut werden. Er erfordert das **bewusste Fertigwerden mit der kleinbürgerlich-antikommunistischen Denkweise.**

Charakteristisch für den Kampf um die Denkweise in der Umweltbewegung ist außerdem die Überwindung von **Panik und Weltuntergangsstimmung.** Sie entspringen einer kleinbürgerlich-individualistischen Denk- und Lebensweise, mit der kein einziges gesellschaftliches Problem gelöst werden kann. Weltuntergangs-Szenarien in Filmen, Computerspielen und anderen Medien fördern bewusst solche Stimmungen, indem sie eindrucksvoll darstellen, wie sich die Menschheit in apokalyptischen Situationen bekämpfen und zerstören würde. Das Ergebnis soll Resignation und Kapitulation sein.

Angesichts der sich abzeichnenden irreversiblen Klimakatastrophe fördert auch die bürgerliche Strömung des **Klima-Doomismus**[182] den Fatalismus. So vertritt der US-Autor **Jonathan Franzen**[183], man müsse anerkennen, dass der Kampf gegen den Untergang der Menschheit verloren sei.

3. Das **sozialistische Umweltbewusstsein** beruht auf der Erkenntnis, dass ein gesellschaftsverändernder Kampf nur durch die internationale sozialistische Revolution hin zu den vereinigten sozialistischen Staaten der Welt und zum Kommunismus erfolgreich geführt werden kann.

In dieser Bewusstseinsstufe ist charakteristisch, dass man vor allem mit **reformistischen und revisionistischen Illusionen** aufräumen muss, dass ein gesamtgesellschaftlicher Paradigmenwechsel über den bürgerlichen Staatsapparat mit

---

[182] Klima-Weltuntergangsstimmung

[183] Jonathan Franzen, »What If We Stopped Pretending?«, newyorker.com 8.9.2019

systemüberwindenden Reformen, kleinbürgerlich-radikalem
Aktivismus oder einem ökologischen Transformationsprozess
möglich wäre. Für den sozialistischen Aufbau und die Rettung
der Menschheit sind zwei **grundlegende Umwälzungen**
notwendig, die nicht voneinander zu trennen sind:

Die **revolutionäre Veränderung der Machtverhält-
nisse** und der Aufbau eines neuen Staats als Organisations-
form der Diktatur des Proletariats. Lenin qualifiziert in »Staat
und Revolution«, dass die neue Gesellschaft *»ohne Vernichtung des von der herrschenden Klasse geschaffenen Apparats
der Staatsgewalt«* unmöglich ist.[184]

Eine **sozialistische Plan- und Kreislaufwirtschaft**, die
auf die Erzeugung von Gebrauchswerten und auf die Lebens-
qualität der Menschen in Einheit mit der Natur ausgerichtet
ist, kann erst auf dieser Grundlage aufgebaut werden. Das
setzt die Aufhebung der an Profit, Macht und ununterbroche-
nem Wachstum des Kapitals ausgerichteten Warenproduktion
voraus.

Die Arbeiterklasse und die Massen können diese Ziele nur
erreichen, wenn sie sich Kenntnisse des wissenschaftlichen
Sozialismus und des dialektischen Materialismus aneignen.
Sie müssen sich klar werden über die Lehren aus der Restau-
ration des Kapitalismus in allen ehemals sozialistischen Ländern und über den echten Sozialismus auf Grundlage der
proletarischen Denkweise. Klassenkampf, Umweltkampf und
weltanschaulicher Kampf in der Bewegung »Gib Antikommunismus keine Chance!« müssen sich über eine lange Zeit eng
durchdringen.

Die Überlegenheit der proletarischen Denkweise im Kampf
gegen die kleinbürgerliche Denkweise kann weniger denn je
mit einer Anbetung der Spontaneität im **vulgärmaterialisti-**

---

[184] Lenin, »Staat und Revolution«, Werke, Bd. 25, S. 400

schen Glauben an eine automatische Bewusstseinsbildung – etwa durch spektakuläre Aktionen – erreicht werden. Für den gesellschaftsverändernden Kampf zur Rettung der Menschheit muss der entfaltete gesellschaftliche Kampf um die Denkweise unter den breiten Massen bewusst ausgetragen werden!

4. Merkmale der neuen Qualität des internationalen Umweltkampfs

Weltweite Umweltkämpfe entwickelten sich vor allem seit den 2000er-Jahren. Sie umfassen inzwischen die ganze Breite der Umweltfragen. Die Zahl der Beteiligten wuchs weltweit, übertraf im Jahr 2011 erstmals die Zwei-Millionen-Grenze. Vor allem in den Jahrzehnten, in denen die internationalen Kampftage der Bewegung Fridays for Future und die Proteste rund um die Weltklimakonferenzen stattfanden, stieg die Anzahl der Beteiligten sprunghaft. Die weltweite Corona-Pandemie ab 2020 ließ die Zahl der Beteiligten zeitweilig stark zurückgehen. Auch mit dem Eintritt der »Grünen« in die Regierung nahm in Deutschland die Zahl der Umweltproteste zunächst ab. Aber sie bleibt dennoch auf hohem Niveau.

Demonstrationen bilden nach wie vor die hauptsächliche Form der Umweltproteste. Radikalere Kampfformen wie Straßen- oder Wasserblockaden, Streiks oder Landbesetzungen richten sich häufig gegen internationale Konzerne und durch-

Tabelle 5: Umweltkämpfe weltweit nach Jahrzehnten[*]

Jahre	Beteiligte Gesamt	Durchschnitt/ Jahr	Anzahl Gesamt	Durchschnitt/ Jahr
1993–2002	1 565 990	156 599	583	58
2003–2012	7 403 370	740 337	5 342	534
2013–2022	23 100 158	2 310 016	14 033	1 403

[*] eigene Recherche der Gesellschaft zur Förderung wissenschaftlicher Studien zur Arbeiterbewegung (GSA) e.V.

dringen sich mit der Bauern- und/oder zum Teil mit der Arbeiterbewegung. Oft geht die Polizei brutal gegen solche Proteste
vor.

Die Bedeutung der Einheit von Arbeiter- und Umweltbewegung

Die 1. Internationale Bergarbeiterkonferenz im März 2013
in Arequipa/Peru fasste bei ihrer Gründung einen historischen
Beschluss:

*»Wir lassen es nicht länger zu, dass der Schutz der natürli-
chen Umwelt und unsere Arbeitsplätze von den Bergbaumono-
polen und den ihnen unterworfenen Regierungen gegeneinan-
der ausgespielt werden!«*[185]

Das war wegweisend für die **Vereinigung von Arbeiter-
und Umweltbewegung**, die künftig von ausschlaggebender
Bedeutung sein wird.

Inspiriert wurde dieser Beschluss nicht zuletzt durch den
Streik von über 13 000 Kohlebergleuten der Tagebaumine
El Cerrejón in Kolumbien im Februar 2013. Sie kämpften
erstmals nicht nur um höhere Löhne und bessere Arbeitsbe-
dingungen, sondern auch für umfangreiche Investitionen für
nachhaltigen Schutz der natürlichen Umwelt.

Am 10. September 2019 begannen **peruanische Bergarbeiter einen unbefristeten Generalstreik**. Er hatte seine
Wurzeln in der 1. Internationalen Bergarbeiterkonferenz,
deren Kampfprogramm erstmals Richtschnur für einen nationalen Kampf der Bergarbeiter wurde. Sie forderten neben
einem Branchen-Tarifvertrag »Respekt vor der Umwelt« und
organisierten die Zusammenarbeit mit den Gemeinden, die
gegen umweltzerstörende Bergbauprojekte kämpften.

---

[185] Gründungsresolution der Internationalen Bergarbeiterkoordination, Are-
quipa/Peru, minersconference.org 3.3.2013

Steinkohlebergleute und Umweltschützer führten am 30. Mai 2020 in **Deutschland** eine gemeinsame Demonstration und Kundgebung gegen die Inbetriebnahme des Kohlekraftwerks Datteln IV in Nordrhein-Westfalen durch, die ein großes Medienecho erfuhr:

»Zum Tag des Netzanschlusses sind zum ersten Mal auch ehemalige Kohlekumpel und Angestellte der Stahlindustrie dabei ... Ausdrücklich stellen sich die Kumpel auf die Seite der Anwohner*innen, von Fridays for Future, Ende Gelände, BUND und Greenpeace.«[186]

In **Serbien** legten im Jahr 2021 Massenkämpfe das ganze Land lahm. In 54 Städten blockierten sie Straßen, Brücken und Autobahnen, brachten sogar die umweltzerstörenden Pläne des internationalen Bergbaumonopols Rio Tinto zu Fall. Der **Lithium-Abbau** in Loznica konnte verhindert werden.[187]

Die antikapitalistische Tendenz in der Umweltbewegung

Eine neue Qualität im Umweltbewusstsein entwickelt sich in Teilen der Jugendbewegung Fridays for Future. Eine wachsende Zahl Jugendlicher wehrt sich gegen die Gängelung und Unterdrückung durch undemokratische Maßnahmen einer selbsternannten kleinbürgerlichen Führung, die aufs Engste mit der Regierungspartei der »Grünen« verbandelt ist. In einer Erklärung vom Juli 2023 schrieb die zuvor äußerst aktive Bremer Ortsgruppe von Fridays for Future, die Demonstrationen mit Tausenden Jugendlichen organisiert hatte:

»Aktivist*innen, die versucht haben, die Kritik in Richtung der Politik und dem kapitalistischen System zu lenken und diese infrage zu stellen, wurden immer wieder daran gehindert.

---

[186] Anett Selle, »Kohlekumpel beim Klimaprotest«, taz.de 31.5.2020

[187] spiegel.de 4.12.2021 und 21.1.2022

*Zuletzt wurden sie sogar ... vollständig aus den Strukturen
ausgeschlossen, was sich gegen alle antikapitalistischen Kräfte
innerhalb von FFF richtete.«*[188]

In Verbindung mit wachsender Kritik an der Bundes-
regierung und Loslösung von der Partei der »Grünen« sucht
ein Teil der Umweltschützer wie »Extinction Rebellion« oder
»Letzte Generation« nach radikaleren Kampfformen wie
Straßenblockaden und anderen Störaktionen. Sie wollen zu
Recht wirkungsvoller auf die **existenzielle Bedrohung der
Menschheit** hinweisen. Bisher jedoch beeinträchtigen ihre
Aktionen hauptsächlich Teile der breiten Massen und stoßen
viele vor den Kopf. Gleichzeitig widerspricht ihre Radikalität
den vielfach eher zahmen Forderungen wie nach einem allgemeinen Tempolimit auf deutschen Autobahnen, nach einem
9-Euro-Ticket für regionale öffentliche Verkehrsmittel oder
nach Einhaltung des Pariser Klimaabkommens, das in Wahrheit völlig unzureichend ist.

Alle Umweltschützer werden erkennen müssen, dass ihre
Pläne und Handlungen die Umweltbewegungen nur dann
tatsächlich vorwärtsbringen, wenn sie sich als Ergebnis einer
kritischen Diskussion bewusst **vom Einfluss des bürgerlichen und kleinbürgerlichen Ökologismus** lösen.

Der internationale Charakter des Umweltkampfs

Die zerstörerischen Auswirkungen der begonnenen globalen
Umweltkatastrophe lassen sich nicht von nationalen Grenzen
aufhalten. Der Kampf zur Rettung der Menschheit kann nur
weltweit erfolgreich geführt werden.

Viele Umweltkämpfe in den neokolonial abhängigen Ländern richten sich gegen Raubbau und Plünderung von Roh-

---

[188] »Wir lösen uns auf! – Unser Statement«, fridaysforfuture-bremen.de
3.7.2023

stoffen, greifen direkt internationale Übermonopole an sowie die ihnen hörigen imperialistischen Regierungen und Helfershelfer im Land.

Ehemalige Staatsoberhäupter der Inselgruppen Palau, Tuvalu, Kiribati und andere haben sich als »**Pacific Elders' Voice**« organisiert. Ihr Protest richtet sich gegen die Wechselwirkung von imperialistischer Kriegsvorbereitung und rücksichtsloser Zerstörung der Grundlagen menschlichen Lebens auf Inseln im Pazifik. Dieser Protest ist **objektiv antiimperialistisch**, wenn er Selbstbestimmung entgegen den »*strategischen Interessen externer Mächte*« fordert.[189]

Die notwendige Stärkung der internationalen Koordinierung im Umweltkampf

Die jährlich von der UNO veranstalteten Weltklimagipfel waren regelmäßig Anlass internationaler Kampftage und Demonstrationen, kapitalismuskritischer Seminare und internationaler Vernetzung gegen die Zerstörung der natürlichen Umwelt. Anlässlich des Weltklimagipfels 2015 in Paris beteiligten sich weltweit rund 750 000 Menschen in 175 Ländern an Protesten.

Sogenannte Nichtregierungsorganisationen (NGOs) wie Campact in Deutschland oder Move.on treten als angebliche kritische Begleitung staatlicher Umweltpolitik auf. Aber letztlich handeln sie im Einklang mit dem betrügerischen Greenwashing von UNO und Regierungen, die sie mit großen Geldbeträgen ausstatten. Damit versuchen sie, die kämpferischen Richtungen zu gängeln und zu untergraben.

In der internationalen revolutionären und Arbeiterbewegung setzt sich die Verantwortung für den Umweltkampf als

---

[189] Anthony Burke, »Pacific elders' statement on Pacific security – Planet Politics Institute«, planetpolitics.org 17.3.2022 – eigene Übersetzung

fester Bestandteil des Kampfs für den Sozialismus immer weiter durch. Im Aufruf der **ICOR**[190] hieß es 2019 unter der Überschrift »Entweder die Mutter Erde stirbt oder der Kapitalismus!«:

»Als revolutionäre Parteien und Organisationen in der ICOR sind wir aufgerufen, Verantwortung zu übernehmen. Eine Debatte zu entfalten über die strategische Lösung der Umweltfrage; ... für eine sozialistische Perspektive durch die internationale sozialistische Revolution.«[191]

Der Zusammenschluss der Revolutionäre und Marxisten-Leninisten auf der Welt muss gestärkt werden.

Jährlich ruft die ICOR deshalb zu weltweiten **Umweltkampftagen** auf mit Erklärungen, Seminaren, Kundgebungen und Demonstrationen in den einzelnen Ländern. Diese Praxis muss höherentwickelt werden zu Aktionsformen internationaler Kooperation und Koordination mit länderübergreifenden Kampagnen, Streiks und Massendemonstrationen.

Im September 2023 fand der 1. Weltkongress der 2019 von ICOR und ILPS[192] gegründeten **antiimperialistischen Einheitsfront** gegen Faschismus und Krieg statt. Sie erweiterte mit mehr als 120 beteiligten Organisationen bewusst ihren Namen auf Internationale Antiimperialistische Einheitsfront gegen Faschismus, Krieg und Umweltzerstörung (**United Front**).[193]

Der Kampf um die **Neuorientierung und Neuformierung der internationalen revolutionären Bewegung**

---

[190] International Coordination of Revolutionary Parties and Organizations – Internationale Koordinierung Revolutionärer Parteien und Organisationen

[191] »Entweder die Mutter Erde stirbt oder der Kapitalismus!«, icor.info 14.11.2019

[192] International League of Peoples' Struggle – Internationaler Bund der Kämpfe der Völker

[193] united-front.info 13.9.2023

ist entbrannt. Er muss weiterentwickelt und im gemeinsamen Kampf gegen die begonnene globale Umweltkatastrophe erfolgreich ausgetragen werden!

5. Der Aufbau des Sozialismus in der globalen Umweltkatastrophe

War das Buch »Katastrophenalarm! Was tun gegen die mutwillige Zerstörung der Einheit von Mensch und Natur?« noch davon ausgegangen, dass *»die Vollendung des Übergangs zur globalen Umweltkatastrophe ... beendet werden* (kann)«[194], muss heute festgestellt werden:

Die globale Umweltkatastrophe ist ein irreversibler Prozess, verursacht durch das imperialistische Weltsystem. Die Menschen können diese Entwicklung nur noch teilweise durch ihr Handeln beeinflussen.

Die globale Umweltkatastrophe untergräbt **auch** die allseitig herausgebildete **materielle Vorbereitung der vereinigten sozialistischen Staaten der Welt.** In einem **Wettlauf mit der Zeit** entscheidet sich, in welchem Grad im Sozialismus die natürlichen Lebensgrundlagen der Menschheit gerettet werden können. Die idealistische Vorstellung, die Menschen könnten im **Sozialismus** umgehend die Einheit von Mensch und Natur wiederherstellen, unterschätzt die inzwischen eingetretene Dimension des Problems. Sicher ist aber, dass der Sozialismus die einzig mögliche **Grundbedingung** einer **Rettung der Menschheit** ist.

Eine auf die heutigen Erfordernisse und Möglichkeiten zugeschnittene sozialistische Produktions-, Austausch- und

---

[194] S. 312

Lebensweise ist das **historische Gegenkonzept** zum zerstörerischen imperialistischen Weltsystem.

Vereinigte sozialistische Staaten der Welt haben als **einziges Gesellschaftssystem** das grundlegende Interesse und verfügen über die gesellschaftlichen Voraussetzungen, das weitere Ausreifen der globalen Umweltkatastrophe zu dämpfen, zu stoppen und die noch nicht irreversiblen Prozesse umzukehren. Sie richten die gesellschaftliche Produktions-, Austausch-, Konsumtions- und Lebensweise ebenso wie Wissenschaft und Forschung darauf aus, die Menschheit in Einheit zur Natur zu retten.

In der **politischen Ökonomie des Sozialismus** wird das bis zur Perversion getriebene imperialistische Privateigentum an Produktionsmitteln und an der natürlichen Umwelt aufgehoben. Vergesellschaftetes Eigentum an Produktionsmitteln und eine **internationalisierte sozialistische Plan- und Kreislaufwirtschaft** ermöglichen es, Industrie und Landwirtschaft, Verkehr und Bau, Handel und Konsumtion darauf auszurichten, die Einheit von Mensch und Natur so weitgehend wie möglich zu erhalten, zurückzuerobern und weiterzuentwickeln.

2014 bestimmte das Buch »Katastrophenalarm! ...« als wesentliche Seite des **ökonomischen Grundgesetzes des Sozialismus**:

*»Verteilung des gesellschaftlichen Gesamtprodukts und planmäßiger Einsatz der gesellschaftlichen Ressourcen über lange Zeit so, dass erhebliche Teile für die Verhinderung der globalen Umweltkatastrophe bzw. für die **Wiederherstellung und Erhaltung der teilweise zerstörten natürlichen Lebensgrundlagen** eingesetzt werden.«*[195]

---

[195] S. 321

Unter den Bedingungen der globalen Umweltkatastrophe muss ein **elementarer Teil** der gesamtgesellschaftlichen Ressourcen für die Rettung der Menschheit eingesetzt werden, im weltweiten Kampf **gegen ihr weiteres Ausreifen**. Das kann auch zeitweilige Einschränkungen in anderen gesellschaftlichen Bereichen des Aufbaus bedeuten und erfordert eine neue Qualität im Verständnis von Lebensweise und Solidarität.

Die **sozialistische Denk-, Arbeits- und Lebensweise** beruht auf der kollektiven Einheit der Menschen mit der Natur. Sie ermöglicht es immer mehr Menschen, **umweltbewusst zu leben**, indem sie gemeinsam die erforderlichen Voraussetzungen schaffen und in der Gesellschaft die notwendige Überzeugungsarbeit leisten.

Sozialistische Staaten koordinieren internationale **Kampagnen, Kooperationen und Masseneinsätze**, um bei regionalen Umweltkatastrophen **Solidarität und Hilfe** zu organisieren, ebenso weitere Maßnahmen zum Umweltschutz und zum vorbeugenden Katastrophenschutz.

Einen **gesamtgesellschaftlichen Paradigmenwechsel durchzusetzen, um die Einheit von Mensch und Natur** zu verwirklichen, wird zu einer zentralen Aufgabe des Klassenkampfs im Sozialismus. Wirklich wissenschaftliche **dialektisch-materialistische Umweltforschung** wird entstehen und sich auf breiter Basis entwickeln. Dieser Prozess fordert Akademiker und Akademikerinnen und weitere Mitarbeiter an Hochschulen heraus, ihre Denkweise weitreichend zu verändern, in ihrer Arbeit die Einheit von Theorie und gesellschaftlicher Praxis zu verwirklichen.

Der Paradigmenwechsel wird die gesamte Gesellschaft erfassen, einschließlich der Produktionsarbeiter und -arbeiterinnen als führende Kraft, der Handwerker, der Kleingewerbetreibenden, der Bauern, der Frauen und der Jugend sowie der technischen Intelligenz. Er trägt so zur Entwicklung der revolutionären Produktivkräfte bei; immer mehr Menschen beteiligen sich am Forschen und Experimentieren, schaffen neue Möglichkeiten, die Ursachen und Auswirkungen der globalen Umweltkatastrophe zu bekämpfen. Dann kann **sozialistische Kreislaufwirtschaft** auf Basis erneuerbarer Energien und recycelter Rohstoffe gesamtgesellschaftlich und global angewendet werden.

Alle diese Veränderungen verwirklichen eine **höhere gesamtgesellschaftliche Rentabilität**, die notwendig ist, die Einheit von Mensch und Natur so weit wie möglich wiederherzustellen.

Es wird eine lange Zeitspanne einnehmen, bis im Kommunismus *»die **wahrhafte** Auflösung des Widerstreites zwischen dem Menschen mit der Natur und mit dem Menschen«*[196], wie es Karl Marx formulierte, unter den dann gegebenen Lebensbedingungen einen relativen Abschluss findet. Der führende Faktor bei alldem ist die Entwicklung des sozialistischen Bewusstseins.

---

[196] Karl Marx, »Ökonomisch-philosophische Manuskripte aus dem Jahre 1844«, Marx/Engels, Werke, Bd. 40, S. 536

IX. Leitlinien für ein erweitertes Kampfprogramm der Sofort- und Schutzmaßnahmen gegen die globale Umweltkatastrophe

Das »Programm für den Kampf gegen die drohende Umweltkatastrophe«, das 2014 in dem Buch »Katastrophenalarm! Was tun gegen die mutwillige Zerstörung der Einheit von Mensch und Natur?«[197] aufgestellt wurde, ist nach wie vor gültig. Allerdings bedarf es einer Modifizierung entsprechend den aktuellen und zukünftigen Anforderungen.

Die Leitlinien dieses Sofort- und Schutzprogramms können nur im entschlossenen Kampf durchgesetzt werden. Er muss als **Schule des Klassenkampfs, um eine gesellschaftsverändernde Umweltbewegung**, um die **Einheit von Arbeiter- und Umweltbewegung** geführt werden. Dieser Kampf darf nicht in reformistische und revisionistische Illusionen abgleiten. Die Einheit von Umwelt- und Klassenkampf macht ihn auch zur Schule der internationalen sozialistischen Revolution und des sozialistischen Aufbaus.

Kampf der Abwälzung der Lasten der globalen Umweltkatastrophe auf die Arbeiterklasse und die breiten Massen

- Übernahme aller Kosten für die Maßnahmen des Sofort- und Schutzprogramms durch Monopole und Staat, volle Gültigkeit des Verursacherprinzips.

---

[197] S. 277–280

- Kampf für eine Umweltsteuer, berechnet nach Umsatz/Vermögen und Anteil an der Umweltzerstörung, für alle Konzerne, Monopole und Superreichen. Einsatz der gewonnenen Mittel zur Beseitigung von Umweltschäden, zur Finanzierung der ökologischen Umstellung gesellschaftlicher Aufgaben wie Energiegewinnung, Heizungen usw. und für Hilfen an die Betroffenen regionaler Umweltkatastrophen.

- Schnelle Aufklärung und rigorose Bestrafung von Umweltverbrechen.

- Erzwingung von Umbau, Rückbau oder Ausbau von Produktion, Produkten und Transportmitteln im Sinn des Umweltschutzes.

Kampf zur Abmilderung der begonnenen globalen Klimakatastrophe

- Sofortige Umstellung auf den Auf- und Ausbau der Erzeugung erneuerbarer Energie für Strom, Wärme und Kühlung durch Sonne, Wind, Wasser- und Wellenkraft sowie Erdwärme. Dezentraler Ausbau bei gleichzeitiger Ausnutzung der weltweit besten Standorte. Verbindliche Nutzung sämtlicher Bioabfälle für die Biogaserzeugung.[198]

- Verpflichtende Ausstattung aller geeigneten Dächer öffentlicher und industrieller Gebäude, Wohn-, Geschäfts- und Bürohäuser mit Fotovoltaik- und Solarthermieanlagen.

- Kostenübernahme von 80 Prozent aller Klimaschutzmaßnahmen in neokolonial abhängigen Ländern. Zahlen müssen die imperialistischen Regierungen vor allem der G20, der BRICS-Staaten und die internationalen Monopole entsprechend ihren Emissionen und ihrem Platz im Ranking der Länder beim Pro-Kopf-Ausstoß von Treibhausgasen.

---

[198] Unter Nutzung des IMK-Verfahrens: Integrierte Methanisierung und Kompostierung.

• Öffentlicher Personennahverkehr zum Nulltarif. Ersetzung aller mit fossilen Energien betriebenen Verkehrsmittel durch Elektro-, Wasserstoff-, Oberleitungs- und Schienenfahrzeuge; vorrangiger Ausbau des öffentlichen Schienenverkehrs. Reduzierung des Neubaus von Autobahnen und vierspurigen Schnellstraßen. Güterverkehr auf Schienen und Wasserwegen auf Grundlage regenerativer Energien. Verbot von Kurzstreckenflügen außer in Notfällen. Förderung eines umweltverträglichen Tourismus.

• Schaffung und Förderung ausgedehnter Grünzonen, Parkanlagen, Waldflächen, der Begrünung von Gebäuden, ökologisch geplanter Spiel- und Sportplätze vor allem in Groß- und Megastädten. Systematischer Abbau der Unterschiede zwischen Stadt und Land.

• Vorrang der Sanierung von Wohnungen vor dem Neubau. Förderung vor allem von Mehrfamilienhäusern und des sozialen Wohnungsbaus. Förderung des Wohnungsbaus mit umweltfreundlichen Baustoffen und Techniken in Kombination mit erneuerbaren Energien und Recarbonatisierung[199], Null-Emissions-Häuser[200], Sicherung gegen Sturm, Hochwasser und Erdbeben. Einbau von Zisternen und Sickerschächten, Wasserleitungen jeweils für Trink- und Brauchwasser.

• Systematische umfassende Wärmedämmung und Energieeinsparung. Austausch von Heizungsanlagen und Ausbau kommunaler Kraftwerke für Nah- und Fernwärme auf Basis erneuerbarer Energie. Verpflichtende Nutzung industrieller Ab- und Prozesswärme.

---

[199] Recarbonatisierung bedeutet, dass bestimmte Baustoffe als natürliche chemische Reaktion die Fähigkeit haben, in bestimmtem Umfang CO_2 wieder zu binden.

[200] Häuser mit sehr hoher Energieeffizienz unter Nutzung des Energiebedarfs komplett aus erneuerbaren Energiequellen.

- Umfassende Schutzprogramme für die breiten Massen gegen extreme Hitze und Kälte. Arbeitszeitverkürzung bei vollem Lohnausgleich, Klimatisierung von Arbeitsstätten und öffentlichen Gebäuden auf der Grundlage erneuerbarer Energien. Vermeidung und Rückbau energiefressender Klimaanlagen, Nutzung traditioneller Bauweisen.[201] Keine Arbeit (außer notwendigen Bereitschaftsdiensten) und keinen Schul- und Universitätsunterricht bei Temperaturen über 30 Grad Celsius! Gesetzliche Schutzprogramme für Arbeitende im Freien!

- Sofortmaßnahmen zum vollständigen Ausstieg aus fossiler und anderer umweltschädlicher Energiegewinnung, Stilllegung aller Kraftwerke auf Grundlage fossiler Brennstoffe. Schaffung von Millionen gleichwertiger Ersatzarbeitsplätze im Umwelt-, Pflege-, sozialen und industriellen Bereich.

- Rück- oder Umbau der LNG-Terminals auf Kosten der Energiekonzerne.

- Stopp der staatlichen Subventionierung, neuer Staatsschulden und Unternehmenskredite für fossile Industriezweige, umweltschädliche Maßnahmen und überflüssige Großprojekte. Schluss mit dem Merit-Order-Prinzip[202] im Stromhandel. Abschaffung des Handels mit Emissionszertifikaten und der CO_2-Bepreisung.

- Industrielle Umsetzung fortgeschrittenster Technologien wie Elektrolyse zur Herstellung von Wasserstoff sowie dessen Nutzung für die Produktion von Kunstdünger und

---

[201] Wie den persischen Windturm (Badgir) – eine vergleichbare Technik wurde z. B. im Theaterhaus Stuttgart angewandt.

[202] Merit-Order bedeutet: Die teuerste und damit ineffektivste fossile Stromquelle bestimmt den Strompreis. Das sichert den Energiemonopolen Maximalprofite, bremst den Ausbau erneuerbarer Energien und wälzt die Kosten auf die Stromkunden ab.

Stahl-/Metallreduktion. Einführung von Wellenkraftwerken.

Forschungsschwerpunkte: Verlangsamung des Auftauens der Permafrostböden. Speichertechnik für regenerativ erzeugte Energie, »grüner« Wasserstoff als Energiespeicher unter Erhöhung des Wirkungsgrads. Möglichkeiten der massenhaften industriellen und ökologischen CO_2-Entnahme aus der Atmosphäre, Bau eines internationalen Gleichstromnetzes für großräumigen Energieaustausch.[203]

Schutz der Wälder und Moore

• Sofortiger, entschädigungsloser Stopp der Rodung von Regenwäldern/tropischen Urwäldern. Herstellung der vollen Rechte ihrer indigenen Bevölkerung und Nutzung ihrer ökologischen Weisheit. Regenwälder zu internationalen Schutzzonen machen.

• Einschränkung der Waldwirtschaft zum Schutz der Wälder, nachhaltige Aufforstungsprogramme, standortgerechte Mischwälder statt Monokulturen und Verbindung mit geeigneten Bewässerungsprogrammen. Paradigmenwechsel in der Forstpolitik mit oberster Priorität des Walds als ökologisches System.

• Drastische Reduktion der Holzverbrennung. Nutzung von Holz als CO_2-Speicher bei Bau und Wärmedämmung, Textilien und Pflanzenkohle[204].

---

[203] Die Übertragungsverluste können kleiner als drei Prozent pro 1000 km sein. Übertragung durch Erd- und Seekabel ist möglich. Bei Kabeln kann heute mit 600 000 Volt gearbeitet werden.

[204] Pflanzenkohle kann unter Freisetzung von Wärme aus Biomasse durch Niedertemperatur-Pyrolyse ohne CO_2-Emissionen produziert und als Grundstoff zum Beispiel zum Humusaufbau oder industriell als Aktivkohlefilter verwendet werden.

- Umfassende Verhütung von Waldbränden. Wo möglich Löschen mit minimiertem Wassereinsatz, unter anderem mit Wassernebel.

- Stopp der Vernichtung der Moore. Sofortige umfassende Renaturierung von Mooren und Flusslandschaften.

Forschungsschwerpunkt: Nachhaltigkeit von Aufforstungsprogrammen, Waldbrandbekämpfung.

Schutz vor und bei regionalen Umweltkatastrophen

- Staatlich finanzierter Zugang jeder Person zu Schutzausrüstungen, Erste-Hilfe-Maßnahmen, Lebensmittel- und Trinkwasserreserven für Katastrophenfälle.

- Einführung eines allseitigen und umfassenden Früh- und Akutwarnsystems. Umfassender Ausbau von Rettungsdiensten, bürgernaher Notfallmedizin, Bergwacht, Feuerwehr und Katastrophenhilfe.

- Schneller Auf- und Ausbau weiträumiger Überlaufflächen, Entsiegelung und drastische Einschränkung weiterer Flächenversiegelung.

- Kampf der drohenden Trinkwasserkatastrophe – gesundes und kostenloses Trinkwasser für alle. Weltweiter Aufbau von Meerwasserentsalzungs- und Reinigungssystemen mit erneuerbaren Energien. Stopp der Privatisierung von Trinkwasserquellen sowie der Plünderung von Grundwasser durch Konzerne, entschädigungslose Rückführung an die Kommunen.

- Beschleunigter Ausbau der Anlagen zur Trinkwasseraufbereitung, Nachrüstung bestehender und Bau neuer Kläranlagen nach dem neuesten Stand der Technik.

- Erweiterung der (Trink-)Wasserreserven durch ein verzweigtes System von Zisternen, Auffangbecken, kleinen Stauseen und unterirdischen Reservoirs.

- Umfassende Maßnahmen zum Wassersparen. Überregionale Wasserleitungssysteme zur Unterstützung von Regionen, die besonders unter Dürre- und Hitzeperioden leiden.

Schutz der Weltmeere und Gewässer

- Verbot der Produktion und Verbreitung perfluorierter Tenside und anderer Chemikalien, die das Grundwasser vergiften und die Ozonschicht schädigen können.

- Verbot jeglicher Einleitung giftiger Stoffe, von Müll und Überdüngungsrückständen ins Meer und in andere Gewässer. Strenge Auflagen zur Reinigung industrieller Abwässer. Abfangen des Mülls an Flussmündungen.

- Vorrang der Förderung des ökosystembasierten Küstenschutzes mit Poldern, Mangrovenwäldern, schwimmenden Häusern in Ergänzung zum konventionellen Deich- und Dammbau.

- Arktis und Antarktis zu internationalen Schutzzonen erklären.

Forschungsschwerpunkte: Vermehrung des Phytoplanktons, großflächige Müll-, Gift- und (Mikro-)Plastikentnahme aus den Weltmeeren.

Kampf dem massenhaften Artensterben

- Schutz der Ökosysteme und Renaturierung geschädigter oder zerstörter Ökosysteme. Rettung der Korallenriffe. Ausbau und großräumige Verbindung von Naturparks und Schutzzonen.

- Klima und Umwelt schonende ökologische Anbaumethoden. Drastische Reduzierung von Pestiziden. Sofortiges Verbot hochgefährlicher, die Biodiversität schädigender oder schwer abbaubarer Pestizide.

- Verpflichtung zu artenreichen Grün-, Busch- und Waldstreifen an Feld- und Straßenrändern und in Wohngebieten.

- Pflege von Artbeständen und Stabilisierung bedrohter Arten.

Forschungsschwerpunkte: Ökologische Alternativen zu Pestiziden, Erhalt und (Rück-)Züchtung zur Stärkung von Arten.

Stopp dem rücksichtslosen Raubbau an den Naturstoffen

- Einschränkung der Kunststoffproduktion. Verbot giftiger Zusatzstoffe in Kunststoffen. Verbot bewusster Verschleißproduktion, Verpflichtung zur Langlebigkeit und zum Recycling aller Produkte durch die Hersteller.

- Flächendeckende Einführung von Kryorecycling, IMK-Verfahren, Recarbonatisierung usw. und dafür schnellstmögliche Abschaffung von Müllverbrennungsanlagen.

- (Über)staatliche Programme der Müllsammlung und -sortierung.

- Verbot der Lagerung von Giftmüll unter Tage, in den Seen und in den Meeren. Verbot von Tiefseebergbau und Tiefseebohrungen, Fracking, Abbau von Ölsand und von umwelt- oder gesundheitsschädlichem Abbau von Rohstoffen wie Kohle, Gold, Lithium usw.

- Beibehaltung und Pflege ausreichender Wasserhaltung im Untertagebergbau.

Forschungsschwerpunkte: Polytronik/organische Elektronik, Recycelbarkeit aller Produkte und entsprechende Anlagen, biologische Verfahren zum Abbau von Giftstoffen, Nutzung der Kohle als Rohstoff statt Verbrennung.

Kampf den monopolistischen Agrar- und Handelskonzernen

- Kampf dem weltweiten Hunger und der Spekulation mit Lebensmitteln.

- Reichhaltiges Angebot kostenloser gesunder Ernährung in Kitas und Kantinen von Schulen, Betrieben, Universitäten, Krankenhäusern und weiteren öffentlichen Einrichtungen. Bewusstseinsbildende Kampagnen zur Senkung des Fleisch-, Alkohol- und Zuckerkonsums.

- Stopp dem Landgrabbing.

- Abkehr von Monokulturen, Anbau von hitzeresistenten und möglichst wenig Wasser verbrauchenden Pflanzen, artgerechte Tierhaltung, Abbau der Massentierhaltung, verpflichtende Weidehaltung und ihre finanzielle Förderung, Einhaltung der Fruchtfolge und Förderung der Almbewirtschaftung.

- Verbot der Vernichtung von Lebensmitteln. Abschaffung der Mehrwertsteuer auf Grundnahrungsmittel und Gesundheitsmaßnahmen.

- Flächendeckende Einführung wassersparender Bewässerungsmethoden wie Tröpfchenbewässerung.[205]

- Verbot des Einsatzes genmanipulierter Pflanzen und Tiere.

- Erhöhung der Erzeugerpreise und Senkung der Verbraucherpreise auf Kosten der Agrar- und Handelskonzerne, Schuldenerlass für kleine und mittlere Bauern.

Forschungsschwerpunkte: Ökologische und industriell-produktive Landwirtschaft, Züchtung von weniger Wasser verbrauchenden, hitzeresistenten Pflanzen. Entwicklung von Anbaumethoden und Sorten mit verringerter Freisetzung von Methan. Renaturierung und Bekämpfung der Wüstenbildung.

---

[205] Bei der Tröpfchenbewässerung werden aus Schlauchöffnungen exakt dosierte Wassermengen ausgestoßen.

Für das Recht auf Flucht und freiwillige Umsiedlungen

• Recht auf Flucht. Gegen jede Aushöhlung der Genfer Flüchtlingskonvention und des Asylrechts auf antifaschistischer Grundlage. Anerkennung von Umweltzerstörung als Asylgrund.

• Recht auf freiwillige Umsiedlung in lebenswerte Regionen, Pflicht zur solidarischen Aufnahme Geflüchteter und Schaffung ausreichenden Wohnraums sowie ausreichender Arbeits- und Ausbildungsplätze.

• Frühzeitige Schutz- und Rettungsprogramme in Regionen, die von steigendem Meeresspiegel oder Wüstenbildung bedroht sind.

Schutz der menschlichen Gesundheit vor der globalen Gesundheitskrise

• Kampf um gesunde und umweltverträgliche Arbeits- und Lebensbedingungen! 30-Stunden-Woche bei vollem Lohnausgleich! Einschränkung der Nacht- und Schichtarbeit.

• Kostenlose medizinische Versorgung der Bevölkerung.

• Stärkung der Gesundheitsvorsorge und des Breitensports. Tägliche Bewegung und Sport in Kitas, Schulen, Universitäten und an Arbeitsstätten während der Arbeitszeit.

• Verpflichtende Ausbildung der Jugend in Gesundheitsfürsorge, Sport, gesunder Ernährung/gesundem Kochen, Erste Hilfe und Katastrophenhilfe.

• Anerkennung, Vorbeugung und Behandlung von umweltbedingten Krankheiten.

• Aufhebung des Patentschutzes für Impfstoffe und Medikamente.

Weltweiter Kampf der Renaissance von Atomkraft

- Sofortige Stilllegung, Baustopp und planmäßiger Rückbau aller Atomkraftwerke, aller Atomanlagen, aller Anlagen zur Urananreicherung oder Produktion von Brennelementen und Atomsprengköpfen sowie des Uranbergbaus weltweit.

- Sanierung verseuchter Flächen und Bergung von atomar verseuchten Stoffen aus den Weltmeeren und aus Schachtanlagen auf Kosten der Verursacher.

- Internationale Ächtung der Gefährdung von Atomanlagen als (Kriegs-)Verbrechen.

Forschungsschwerpunkte: Höchste Sicherheitsstandards bei der Lagerung von Atommüll und anderen Rückständen.

Aktiver Widerstand gegen imperialistische Kriege, gegen Weltkriegsvorbereitung und für Schutz des Weltraums

- Verbot und Vernichtung aller ABC-Waffen und sofortige Verpflichtung aller Atommächte zum Verzicht auf einen Erstschlag.

- Rücksichtslose Verfolgung und Bestrafung aller Menschenrechts- und Kriegsverbrechen, einschließlich Massenvergewaltigungen als Kriegswaffe.

- Stopp der Militarisierung, Vermüllung und Verpestung des Weltalls durch die Imperialisten. Beseitigung des Weltraumschrotts auf Kosten der Verursacher.

Förderung von Initiativen der Massen zum Umweltschutz

- Förderung aller selbstorganisierten Aufklärungs-, Bildungs-, Solidaritäts- und Hilfskampagnen von Selbstorganisationen und Parteien auf antifaschistischer Grundlage.

- Förderung und Finanzierung internationaler Hilfseinsätze und Brigaden.

• Einführung eines ökologischen Jahrs für Schulabgänger. Für alle Werktätigen von Unternehmen bezahlte Arbeitswochen oder -monate für ökologische Schutz- und Hilfsmaßnahmen.

Ausblick

Jede einzelne Forderung dieses Sofort- und Schutzprogramms ist realistisch und keine Utopie. In ihrer **Gesamtheit** können sie jedoch nur **in einer sozialistischen Gesellschaft** verwirklicht werden, die frei ist von der Ausbeutung von Mensch und Natur.

Die globale Umweltkatastrophe wird die Menschheit vor nie gekannte Herausforderungen stellen. Als ermutigende Leitlinie schrieb Friedrich Engels bereits im Jahr 1876:

»Aber auch auf diesem Gebiet lernen wir allmählich, durch lange, oft harte Erfahrung und durch Zusammenstellung und Untersuchung des geschichtlichen Stoffs, uns über die mittelbaren, entfernteren gesellschaftlichen Wirkungen unserer produktiven Tätigkeit Klarheit zu verschaffen, und damit wird uns die Möglichkeit gegeben, auch diese Wirkungen zu beherrschen und zu regeln.

Um diese Regelung aber durchzuführen, dazu gehört mehr als die bloße Erkenntnis. Dazu gehört eine vollständige Umwälzung unserer bisherigen Produktionsweise und mit ihr unserer jetzigen gesamten gesellschaftlichen Ordnung.«[206]

Vorwärts zur internationalen sozialistischen Revolution, um die Menschheit und ihre natürliche Umwelt vor dem imperialistischen Weltsystem zu retten!

---

[206] Friedrich Engels, »Anteil der Arbeit an der Menschwerdung des Affen«, Marx/Engels, Werke, Bd. 20, S. 454

Bücher zum Thema im Verlag Neuer Weg

Stefan Engel

Katastrophenalarm!
Was tun gegen die mutwillige Zerstörung der
Einheit von Mensch und Natur?

Erschienen: 2014

In der öffentlichen Meinung wird der Eindruck erzeugt, die Umweltfrage sei bei den Herrschenden und ihren Regierungen in guten Händen. In Wirklichkeit aber waren sie seit dem Aufkommen der Umweltkrise Anfang der 1970er-Jahre weder willens noch in der Lage, etwas Wirksames dagegen zu unternehmen. Das Buch ging 2014 noch davon aus, dass die Menschheit beschleunigt auf eine globale Umweltkatastrophe zutreibt, die jegliches menschliches Dasein zu vernichten droht. Auch wenn diese Entwicklung nun schneller vorangeschritten ist als erwartet, behält das Buch seine Gültigkeit in Bezug auf die grundsätzlichen Aussagen zur Beurteilung der Einheit von Mensch und Natur.

Die Verantwortung für diese Entwicklung liegt in erster Linie bei den internationalen Übermonopolen, die heute die gesamte Weltproduktion, den Welthandel sowie Politik, Wirtschaft und Wissenschaft in allen Ländern beherrschen. Dieses Buch lässt keinen Zweifel daran, dass die Menschheit die Umweltfrage nicht dem herrschenden Gesellschaftssystem überlassen darf. Sie wird sonst untergehen in der kapitalistischen Barbarei!

Leitlinie des Buchs ist die dialektisch-materialistische Methode und Theorie von Marx und Engels, die von der grundlegenden Einheit von Mensch und Natur ausgingen. Das Buch kommt zu dem Schluss, dass der Kampf zum Schutz der natürlichen Umwelt heute gesellschaftsverändernden Charakter annehmen und Bestandteil der Vorbereitung der internationalen sozialistischen Revolution werden muss.

336 Seiten, Taschenbuch
ISBN 978-3-88021-405-7
CD-ROM
ISBN 978-3-88021-402-6
ePDF
ISBN 978-3-88021-413-2
Englisch
ISBN 978-3-88021-403-3
Farsi
ISBN 978-3-88021-591-7
Französisch
ISBN 978-3-88021-408-8
Russisch
ISBN 978-5-91022-279-7
Spanisch
ISBN 978-3-88021-406-4

Stefan Engel

Morgenröte der internationalen sozialistischen Revolution

Erschienen: 2011

Auf Grundlage der marxistisch-leninistischen Analyse der Neuorganisation der internationalen Produktion und insbesondere des internationalen Krisenmanagements in der Weltwirtschafts- und Finanzkrise ab 2008 werden Schlussfolgerungen für die Strategie und Taktik der Vorbereitung der internationalen proletarischen Revolution gezogen. Bei allen Unterschieden der Klassenkämpfe in den einzelnen Ländern braucht das internationale Proletariat im Bündnis mit allen Unterdrückten einen gemeinsamen Bezugspunkt: die internationale sozialistische Revolution. Die Koordinierung und Revolutionierung des Klassenkampfs muss die fortschrittlichen, demokratischen und revolutionären Massenbewegungen und -organisationen zu einer internationalen Macht zusammenschließen, die dem imperialistischen Weltsystem überlegen ist. Die konkreten ökonomischen, sozialen und politischen Bedingungen eines jeden Landes müssen in der jeweiligen proletarischen Strategie und Taktik ebenso Berücksichtigung finden wie der allgemeine Bezug auf die internationale Revolution. So erscheint die internationale proletarische Strategie und Taktik als ein Orchester verschiedener proletarischer Strategien und Taktiken der revolutionären Arbeiterparteien in den jeweiligen Ländern.

620 Seiten, Hardcover
ISBN 978-3-88021-380-7

Taschenbuch
ISBN 978-3-88021-391-3

CD-ROM
ISBN 978-3-88021-384-5

ePDF
ISBN 978-3-88021-418-7

Englisch
ISBN 978-3-88021-389-0

Französisch
ISBN 978-3-88021-394-4

Russisch
ISBN 978-5-91022-217-9

Spanisch
ISBN 978-3-88021-387-6

Türkisch
ISBN 978-605-66680-6-7

Mediengruppe
NEUER WEG

Verlag Neuer Weg, Alte Bottroper Str. 42, 45356 Essen
Tel.: 0201 25915, E-Mail: verlag@neuerweg.de
Webshop: www.people-to-people.de

Reihe REVOLUTIONÄRER WEG auf der Webseite der MLPD

▶ **www.revolutionaerer-weg.de**
Theoretisches Organ der MLPD

Neben den Vorstellungen der einzelnen Ausgaben des Systems REVOLUTIONÄRER WEG findet man hier unter anderem auch weitere Dokumente, Stellungnahmen, Videos und vieles mehr zu den wichtigen Fragen unserer Zeit.

⚑ Rote Fahne

▶ **www.rf-news.de / rote-fahne**
14-tägig erscheinendes Magazin, im Abo erhältlich

▶ **www.rf-news.de**
Tägliches Nachrichtenportal

▶ **www.rote-fahne-tv.de**
Videoberichterstattung der Roten Fahne